BUNTE
KOSMOS
TASCHEN
FÜHRER

Bunte Kosmos-Taschenführer

Weitere Bücher für den Naturfreund aus dieser Reihe:

Pflanzen
Aichele, Das blüht an allen Wegen – Aichele, Hier find ich Deutschlands schönste Pflanzen – Aichele/Schwegler, Bunte Welt der Alpenblumen – Aichele/Schwegler, Die Natur im Jahreslauf – Bechtel, Bunte Welt der Kakteen – Bechtel, Bunte Welt der Zimmerblumen – Bechtel, Exotische Orchideen – Haas/Schrempp, Pilze, die nicht jeder kennt – Haas/Schrempp, Pilze in Wald und Flur – Kohlhaupt, Bunte Welt der Orchideen – Rein, Bunte Welt der Gartenblumen – Rüdt, Heil- und Giftpflanzen – Sanderse, Pflanzen als Aquarienschmuck – Schönfelder, Das blüht am Mittelmeer – Zech, Bäume und Sträucher – Zech, Bunte Welt der schönen Rosen

Tiere
Adrian, Große Hunde – Adrian, Kleine Hunde – Aichele, Das fängt man mit der Angel – Bechtel, Bunte Welt der Stubenvögel – Bechtle, Bunte Welt im Terrarium – Neugebauer, Korallenfische im Aquarium – Pfletschinger, Bunte Welt der Insekten – Pfletschinger, Einheimische Spinnen – Rein/Zech, Wunderwelt der Schmetterlinge – Rohm, Bunte Welt der Vögel – Schwammberger, Bunte Welt der Tiere – Thies, 62 Katzen in Farbe – Weiß, Bunte Welt der Tropenfische – Weiß, Fische fürs Gesellschaftsbecken

Minerale, Steine und Versteinerungen
Hartmann/Binnewies, Edelsteine – Lieber, Bunte Welt der schönen Steine

Biotopführer
Aichele/Schwegler, Die Natur in unserer Stadt – Aichele/Schwegler, Lebensraum Alpen – Aichele/Schwegler, Seen, Moore, Wasserläufe – Aichele/Schwegler, Wald und Forst – Aichele/Schwegler, Wiesen, Weiden, Ackerland

Reiseführer für Naturfreunde
Ballenberger/Haas, Die Schwäbische Alb in Farbe – Bechtel, Der Niederrhein in Farbe – Bechtle, Der Neusiedler See in Farbe – Gruber, Der Schwarzwald in Farbe – Janus, Das Watt – Jung, Sauerland und Siegerland in Farbe – Körber, Die Allgäuer Alpen in Farbe – Matthes, Die Felsenküste der Adria – Sauer, Das bayerische Voralpenland in Farbe – Sauer, Die Eifel in Farbe – Vogt, Teneriffa in Farbe

Siegfried Hoeher

Vogelkinder und ihre Eltern

Jungvögel erkennen und bestimmen
mit 120 Farbfotos

Kosmos · Gesellschaft der Naturfreunde
Franckh'sche Verlagshandlung · Stuttgart

Umschlag von Edgar Dambacher
unter Verwendung eines Farbfotos von H. Reinhard
Das Bild zeigt ein Rotkehlchen bei der Fütterung seiner Jungen
Mit 120 Farbfotos von B. Arndt (1), F. Bretzendorfer (1), I. Czimmeck (1), J. Diedrich (1), Eichhorn/Zingel (6), S. Hoeher (2), E. Kuch (4), A. Limbrunner (1), R. Maier (1), R. Müller (1), G. Quedens (11), H. Reinhard (23), W. Rohdich (1), F. Sauer (2), H. Schrempp (48), R. Siegel (9), K. Tönges (1), G. Ziesler (5) sowie 45 Textzeichnungen von W. Söllner

CIP-Kurztitelaufnahme der Deutschen Bibliothek

Hoeher, Siegfried
Vogelkinder und ihre Eltern : Jungvögel erkennen
u. bestimmen. – 1. – 15. Tsd. – Stuttgart :
Franckh, 1976.
(Bunte Kosmos-Taschenführer)
ISBN 3-440-04336-3

Franckh'sche Verlagshandlung, W. Keller & Co., Stuttgart / 1976

Printed in Italy / Imprimé en Italie / LH 14 dö / ISBN 3-440-04336-3
Satz: Konrad Triltsch, Graphischer Betrieb, Würzburg
Reproduktion, Druck und Buchbinder: Grafiche Muzzio, Padua/Italien

Vogelkinder und ihre Eltern

Die Tafelbilder sind zu lesen: Jungvögel links, Altvögel rechts

Jungvögel am Wege

Immer wieder erlebt man das gleiche Bild: Ein verlassenes, kläglich piependes Vogelkind, drum herum ratlose Menschen. Jeder möchte helfen und keiner weiß wie. In den meisten Fällen aber bedürfen die Jungvögel, die wir auf unseren Spaziergängen finden, gar keiner Hilfe. Im allgemeinen bleiben sie in der Nähe des Nestes und sind keineswegs so verlassen, wie es auf den ersten Blick erscheint. Normalerweise dauert es nicht lange, bis eines der Elterntiere den Ausreißer gefunden hat und wieder in seine Obhut nimmt. Wir belassen daher den kleinen Vogel am besten an Ort und Stelle und beobachten ihn ruhig aus angemessener Entfernung. Nur manchmal wird es nötig sein, daß wir eingreifen und den Jungvogel im nächsten Gebüsch vor dem mörderischen Straßenverkehr in Sicherheit bringen müssen. Auch dort werden ihn die Alten bald finden. Ganz selten nur werden wir ihn selbst großziehen, wenn etwa das Elternpaar aus einem unglücklichen Grunde nicht mehr da ist, die Vögel aber auch außerhalb des Nestes noch auf das Futter der Eltern angewiesen sind. Für solche Fälle wird unser neuer Taschenführer über die „Vogelkinder und ihre Eltern“ unentbehrlich: Er hilft uns nicht nur beim Bestimmen von Jungvögeln der bekanntesten Arten, er legt gleichzeitig dar, wie sie sich von ihren Eltern unterscheiden und gibt kurz Auskunft über die Aufzucht der Jungvögel.
Kein Naturfreund, der eine Vogelbrut findet, sollte das Versteck preisgeben! Die Menschen sind neugierig – und jede Störung kann den Bruterfolg unserer Vögel gefährden. Nur so können wir dazu beitragen, die Vielfalt unserer heimischen Vogelwelt zu schützen und zu bewahren.

Die in den Randspalten angegebenen Maße beziehen sich auf die jeweils größte Länge und Breite der Eier.

Vögel im Frühjahr

Unsere Brutvögel

Schleiereule
Sperber
Bunt-
specht
Kleiber
Waldkauz
Seidenschwanz
Zaunkönig
Eichelhäher
W. Söllner

Familie: Enten – Anatidae

Höckerschwan *Cygnus olor*
Wie die Stockente ist auch der Höckerschwan nicht mehr von unseren Seen und Teichen wegzudenken. Seinen Namen erhielt er wegen seines schwarzen Höckers auf dem orangeroten Schnabel. Das Nest wird von beiden Partnern im Schilf und Röhricht gebaut. Oft steht es auch auf kleinen Inseln versumpfter Altwässer. Zweige, grobe Schilf- und Rohrstengel bilden den Unterbau des großen Nestes, feinere Stengel die Mulde. Sie ist so flach, daß man die Eier darin sehen kann. Im April oder Mai ist das Gelege vollzählig. Es enthält 5 – 7 graugrüne Eier, die nur vom Weibchen ausgebrütet werden. Die Brutzeit variiert zwischen 35 und 37 Tagen. Die frischgeschlüpften Jungen haben ein hellgraues Dunenkleid. Nach dem Trockenwerden ihres Nestkleides gehen sie mit den Eltern auf das Wasser. Die Mutter schwimmt voran, ihr folgen die piependen Gösseln, und den Schluß bildet der Vater. Vom Schlupf bis zum Flüggewerden brauchen die Jungschwäne etwa 4½ Monate. Der Zusammenhalt der Familie währt bis zum Winter, während dieser Zeit unterscheiden sich die Jungen durch ihr braungraues Jugendkleid von den Altvögeln. Selbst im zweiten Jahr ist das braungraue Kleingefieder der Jungschwäne noch an Kopf, Hals und Flügeln zu sehen. Auf dem Wasser schwimmend, mit eingetauchtem Kopf, suchen sie ihre Nahrung: Verschiedene Wasserpflanzen, deren Knospen und Samen, gelegentlich auch Weichtiere, kleine Frösche, Insekten und deren Larven.

Stockente *Anas platyrhynchos*
Wohl die bekannteste Erscheinung auf unseren Parkteichen und anderen Gewässern aller Art ist die Stockente. Das männliche Tier, der Erpel, trägt sein Prachtkleid von Oktober bis Juni. Ein besonderes Merkmal sind die aufwärts gebogenen, schwarzen mittleren Schwanzfedern („Erpelfedern“). Bei dem fliegenden Vogel wirkt der blaue, weiß und schwarz eingefaßte Flügelspiegel besonders auffällig. Im allgemeinen ist die Art ungewöhnlich anpassungsfähig und brütet an den verschiedensten Stellen am Boden. Das Nest ist schwer zu finden, meist verdeckt es ein dichter Busch oder hohes Gras. Die Ente trägt kein Nistmaterial ein, sondern zieht dürre Blätter, Halme und andere Pflanzenteile aus Schnabelreichweite zu sich heran. Der Nestrand enthält zahlreiche schwärzliche Dunen, die sich die Ente selbst rupft und die kranzartig das Gelege umschließen. Sie legt in der Regel nur einmal im Jahr, März/April, 7 – 11 grünlich-graue bis bläulich-grüne Eier. Das Gelege wird 26 bis 28 Tage bebrütet. In den Brutpausen zur Nahrungssuche wird das Gelege mit Dunen und Niststoffen bedeckt. Das Gefieder der brütenden Stockente ist in seiner Färbung der Umgebung angepaßt. Die Jungen schlüpfen fast gleichzeitig. Sie tragen ein olivbraunes, gelbgeflecktes Dunenkleid mit einem dunklen Augenstrich. Kaum sind die Küken trocken, verlassen sie das Nest und folgen der Mutter aufs Wasser. Locktöne und Anblick der Mutter prägen sich den Entchen ein, und so bleibt die große Familie zusammen. Mit sieben bis acht Wochen sind die Jungenten flügge und wirken in ihrem Jugendkleid etwas dunkler als der weibliche Altvogel. Der beste Unterschied zeigt sich in der Schnabelfarbe. Im Gegensatz zum grünlichen Schnabel der Entenmutter ist er bei den Jungen rötlich. Ihre Nahrung sind Samenkörner aller Art, auch Knospen und Triebe von weichen Wasserpflanzen, die gründelnd gesammelt werden.

Habicht *Accipiter gentilis*
Der Habicht bewohnt nur die Randgebiete ausgedehnter Waldungen, um von dort aus über das freie Land an Feldgehölzen oder am Rande von Gewässern zu jagen. In alten Bäumen errichtet er den Horst aus trockenen Aststückchen und Reisern nahe am Stamm und legt sie mit frischbelaubten Zweigen oder grünen Nadelreisern aus. Von Anfang bis Mitte April beginnt das Weibchen mit der Eiablage. Die 3 – 4 Eier werden jeweils im Abstand von 2 – 3 Tagen gelegt. Die grünlich-weißen Schalen sind selten auch gefleckt. Das Gelege wird nur vom Weibchen bebrütet. Nach 36 – 38 Tagen schlüpfen die Jungen. Sie können bereits sehen und tragen rein weiße Dunen. 16 Tage später haben sie ein zweites Dunenkleid angelegt, das oberseits braungrau und unterseits zart ockerfarben ist. Das Weibchen wacht ständig am Horst, während der Terzel die Beute herbeischafft, die in den ersten 10 Tagen vom Weibchen an die Jungen verfüttert wird. Am Waldrand oder an großen Lichtungen lauert das Männchen im Verborgenen, um blitzschnell die Beute zu überraschen und mit nadelspitzen Krallen zu greifen. Drosseln, Tauben, Eichelhäher, Elstern, Rabenkrähen und Rebhühner bilden seine Hauptbeute, aber auch andere Vögel wie Goldhähnchen und Fasan. Nach der Nestlingszeit (etwa 38 Tage) verbringen die Jungen als Ästlinge noch kurze Zeit in Horstnähe, bevor sie fliegen können. Ihre lauten Bettelrufe „giigii" veranlassen die Eltern zum Beutebringen. In dieser Zeit tragen sie das „Rotkleid", ein Jugendgefieder, dessen Unterseite rotbraun gefärbt und mit dunklen Tropfenflecken gezeichnet ist. Erst im zweiten Lebensjahr wird das Alterskleid angelegt, und die gelbe Iris färbt sich orangerot.

Mäusebussard
56/45 mm

Mäusebussard *Buteo buteo*
Unseren häufigsten Greifvogel, den Mäusebussard, erkennt man an seinem fächerförmigen, recht kurzen Stoß (Schwanz). Sein Jagdgebiet ist das offene Gelände von Wiesen und Feldern, wo er vorwiegend den Feldmäusen nachstellt. Von erhöhter Warte aus lauert er auf sie und erbeutet sie mit schnellem Zugriff. Der Vogel horstet in den Randgebieten von Wäldern aller Art, am liebsten in hohen Bäumen. Der aus dürren Zweigen von beiden Partnern erbaute Horst steht unmittelbar am Stamm. Die flache Mulde wird mit Rindenstückchen, Bast und Gräsern ausgelegt und mit frischen Nadelreisern oder Laubzweigen begrünt. Das Gelege ist oft schon im April vollzählig. Die 2 – 3 kalkweißen Eier sind verschieden stark grau- und rotbraun gefleckt. Während der 33- bis 36tägigen Bebrütungszeit wird das Weibchen nur kurz vom Männchen abgelöst. Die Jungen schlüpfen blind. Erst nach sechs Tagen öffnen sich ihre Augen. Ihr Nestkleid besteht aus weißen oder hellgrauen Dunen. Je nach Schlüpfzeit unterscheiden sie sich in der Größe. Dieser Unterschied zeigt sich bei allen jungen Greifvögeln, weil die Eiablage in 2- bis 4tägigem Abstand erfolgt, die Bebrütung aber schon mit dem ersten Ei einsetzt. Die vom Elternpaar mit Atzung versorgten Jungen gehen nach ungefähr 43 – 50 Tagen in das Ästlingsstadium über. In Horstnähe auf Ästen stehend, lassen sie dann ein klangschönes Lahnen „tiii, tiii" hören. Eine Woche später sind die jungen Bussarde flügge. Nach einer Führungszeit von einem Monat haben sie die Selbständigkeit erlangt und suchen sich ihr eigenes Jagd- und Brutrevier.

Familie: Geier, Adler, Bussarde u. a. – Accipitridae
Familie: Falken – Falconidae

Rotmilan *Milvus milvus*
Die langen Flügel und der tief gegabelte Schwanz sind ein sicheres Kennzeichen dieses Greifvogels. Stundenlang segelt er durch die Lüfte und schraubt sich so hoch, daß man ihm nur noch mit dem Fernglas folgen kann. Zum Nisten braucht er Althölzer in der Nähe von weiten Wiesen und Feldern. Den relativ kleinen und flachen Horst errichtet das Weibchen am Waldrand hoch in den Baumkronen. Zuweilen baut es auch ein verlassenes Krähennest oder einen alten Bussardhorst um. Das Nistmaterial beschafft das Männchen. Äste und Reisig für die Unterlage holt es in den Fängen oder im Schnabel. Als Innenauskleidung dienen Fundgegenstände wie Papier, Kunststoff und Lumpen. Auch Strümpfe, Wollschals und farbige Schürzen hat man in den Horsten schon gefunden. Von Mitte April bis Mai ist das Gelege mit 2 – 4 Eiern vollständig. Sie unterscheiden sich von den anderen Greifvogel-Eiern durch die für Milan-Eier typischen „Wurmlinien" neben spärlich grauen und bräunlichen Flecken auf kalkweißem Grund. Das Weibchen brütet 28 – 32 Tage und wird nur selten vom Männchen abgelöst. Das Dunenkleid der Schlüpflinge ist rötlichweiß mit weißem Kopf. Bei Anzeichen einer Gefahr ducken sich die Jungen ins Nest und stellen sich tot. Die jungen Milane werden etwa 45 – 50 Tage im Horst betreut und verbringen weitere 14 Tage als Ästlinge, ehe sie flugfähig sind. Das Männchen schafft als Nahrung viele kleine Wirbeltiere heran, die es nicht immer selber erbeutet, sondern anderen Greifvögeln abgejagt hat. Der flügge Jungmilan unterscheidet sich nur durch die tiefe braune Kopffärbung sowie die dunklere Ober- und Unterseite von den Eltern.

Turmfalk
39/31 mm

Turmfalk, Rüttelfalk *Falco tinnunculus*
Im offenen, freien Gelände der Wiesen und Felder ist der Turmfalk nicht selten zu beobachten. Man nennt ihn auch Rüttelfalk, weil er oft rüttelnd in der Luft steht und nach seiner Hauptbeute, den Mäusen, Ausschau hält. Gelegentlich fängt er auch Insekten in der Luft, manchmal sogar Kleinvögel. Als Nistplatz sucht das Weibchen mit Vorliebe Kirchtürme (daher der Name Turmfalk) und Ruinen auf, auch wenn sich diese inmitten einer Stadt befinden. Ebensogern benützt es verlassene Nester von Krähen und Elstern. An diesen Plätzen liegen Mitte April oder Mai 5 – 7 Eier, deren gelblich-weiße Schalen stark rotbraun gefleckt sind. Fast 29 Tage dauert die Bebrütung, sie obliegt hauptsächlich dem Weibchen. Das Männchen versorgt es dann mit Nahrung. Wenn die jungen Falken schlüpfen, tragen sie schon weiße, plüschartige Dunen. Zehn Tage später verwandelt sich das Erstlingskleid in ein wollig-graugelbes. Der Kot wird von den Eltern nicht fortgetragen. Die weißen Spritzer unter dem Horstbaum verraten daher bald die besetzte Kinderstube. Gefüttert wird von beiden Altvögeln, bis die Jungen mit 27 oder 32 Tagen flügge sind. Das Männchen trägt die Beute herbei, während das Weibchen sie in kleinen Happen an die Jungen verteilt. Erst in den letzten Tagen werden den Jungfalken ganze Beutetiere vorgelegt. Ähnlich wie bei Eulenbruten werden auch bei Falken Gewölle gefunden. Das Jugendkleid sieht dem Gefieder der Mutter schon sehr ähnlich. Bis in den Herbst hinein bleibt die Familie zusammen, dann löst sich der Verband auf.

Familie: Feldhühner – Phasianidae

Fasan
45/36 mm

Fasan *Phasianus colchicus*
Unser Fasan stammt ursprünglich aus dem asiatischen Raum und hat sich im Laufe der Zeit so sehr bei uns eingebürgert, daß er als häufiger Brutvogel und als beliebte Jagdbeute gilt. Zwar trifft man ihn hin und wieder auch auf dem offenen Felde an, doch sind Auwaldungen, buschreiche Niederungen, selbst Schilf und Röhricht, sein liebster Aufenthalt. Der Fasan versteht es vortrefflich, sich im dichten Bewuchs vor Feinden unsichtbar zu machen. Am liebsten übernachtet er auf Bäumen. An Stellen, wo dichter Bewuchs ausreichend Deckung gewährt und gute Abflugmöglichkeiten bietet, scharrt die Henne eine flache Mulde in den Boden. Nur wenige trockene Halme oder welkes Laub kleiden sie aus. Die umfangreichen Gelege findet man am häufigsten in der Zeit von April bis Juni. Oft sind es 8 – 15 olivbraune Eier, die nur vom Weibchen 24 – 25 Tage bebrütet werden. Der Hahn kümmert sich nicht um das Gelege und die Jungen. Der Bebrütungsbeginn setzt selten vor dem zuletzt gelegten Ei ein, daher schlüpfen die Küken fast zur gleichen Zeit. Sie tragen ein Dunenkleid, das oberseits rostbraun gefärbt und mit zwei dunkelbraunen Längsstreifen an Kopf und Rücken deutlich gezeichnet, unterseits jedoch von gelblicher Färbung ist. Kaum sind sie trocken geworden, führt sie die Henne an nahrungsreiche Plätze. Dort beginnen sie allein zu fressen und ernähren sich anfangs hauptsächlich von Insekten, deren Eiern und Larven, kleinen Weichtieren, Spinnen und Würmchen. Die Küken antworten dem Lockton der Henne mit einem zarten Piepsen. Bei Gefahr verbirgt sich die ganze Kinderschar auf ein Zeichen der Mutter hin und versteht es hervorragend, sich den Blicken zu entziehen. Die Jungen wachsen schnell und können bereits mit 12 Tagen leidlich fliegen. Im Alter von drei bis vier Wochen gelingt es ihnen bereits, mit der Mutter zur Nachtruhe aufzubaumen. Unter mütterlicher Obhut bleibt die Schar bis etwa Mitte September zusammen. Dann löst sich der Kontakt endgültig. Da das Jugendkleid dem Gefieder der Henne ähnelt, werden junge Fasanen kaum noch als solche erkannt.

Rebhuhn
35/27 mm

Rebhuhn *Perdix perdix*
In Wiesen, Getreidefeldern, Klee- und Rübenäckern sucht sich das Rebhuhn seinen Nistplatz; nur müssen Gebüsch oder ein Feldrain in der Nähe Schutz gewähren. Glaubt es sich in Gefahr, ruft es laut „rebreb-reb“. Diesem Alarmruf verdankt es auch seinen Namen. Im Mai bis Juni hat die Henne in einer flachen, von ihr gescharrten Bodenmulde das Gelege vollzählig. Die 10 – 20 olivbraunen Eier liegen nur auf einer spärlichen Unterlage aus Halmen. Das Gelege wird 24 – 25 Tage vom Weibchen bebrütet und in Nestnähe vom Hahn bewacht. Die Küken tragen beim Schlüpfen ein rotbraunes, schwarzgeflecktes Dunenkleid, das unterseits hellgelb ist. Als Nestflüchter nehmen sie sofort selbständig Nahrung auf. Sie besteht zunächst vorwiegend aus Insekten und kleinen Würmchen. Das Fliegen gelingt ihnen bereits mit 16 Tagen. Erhebt sich eine solche „Kette“ von Rebhühnern, schwirrt sie mit burrendem Geräusch im Gleitflug davon. Die Jungtiere sind an der gestreiften weißlichen Unterseite, dem fehlenden Brustschild und den gelben Füßen zu erkennen. Es gibt aber auch Elterntiere, denen der braune Brustfleck fehlt. Dicht zu einem Kreis zusammengedrängt, schläft das Rebhuhnvolk mit den Köpfen nach außen. Der Familienverband bleibt bis zum Winterausgang als Kette zusammen.

Familie: Rallen – Rallidae

Teichhuhn
44/31 mm

Teichhuhn, Teichralle *Gallinula chloropus*
Das Teichhuhn mit seiner roten Stirnplatte nistet gern im Dickicht am Rande von Tümpeln, Seen, Teichen und auf den Altwässern von Flüssen, wo es sein Versteck kaum verläßt. Das flache Nest steht dicht über dem Wasser oder auf trockenem Boden im Gebüsch. Die Unterlage besteht aus Stengeln und trockenen Reisern, die Mulde aus Schilfblättern oder feinen Halmen. Den Bau übernimmt vorwiegend das Männchen. Von April bis Juli finden zwei, manchmal sogar drei Bruten statt. Das Gelege umfaßt gewöhnlich 8 – 10 Eier mit rotbraunen bis schwarzen Flecken auf gelblichbraunem Grund. Die Brutzeit dauert 20 – 22 Tage. Beide Geschlechter brüten abwechselnd. Die Küken schlüpfen mit schwarzen Dunen. Im Gegensatz zu jungen Bleßrallen haben sie blaue und rote Hautstellen am Kopf. Die kleinen Nestflüchter bleiben die ersten zwei oder drei Lebenstage auf dem Nest, können aber sofort schwimmen und tauchen. Die ersten acht Nächte verbringen sie mit der Mutter im Nest; bisweilen kehren sie auch später noch dahin zurück. Anfangs werden sie von beiden Eltern geführt, die ihnen die Nahrung mit dem Schnabel vorhalten. An der Fütterung der Jungen aus der zweiten oder dritten Brut beteiligen sich auch die Jungvögel der ersten Brut. Die Jungen werden etwa zwei Wochen von den Altvögeln betreut, dann versorgen sie sich selbst. Fliegen können sie erst mit dem 50. Lebenstag. Ihr Jugendkleid ist graubraun; die später rot werdenden Schnäbel und Stirnplatten sind noch grüngrau. Da sie beim Schwimmen meist mit dem Kopf nicken und mit dem aufgestellten Schwanz erregt zucken, sind sie von jungen Bleßrallen leicht zu unterscheiden. Sie ernähren sich von Schnecken, Wasserinsekten, deren Larven und anderen kleinen Wassertieren sowie von Samen, Wildbeeren, Algen und Wasserpflanzen.

Bläßhuhn
52/36 mm

Bläßhuhn, Bleßralle *Fulica atra*
Das große weiße (blasse) Hornschild auf der Stirn gab dem Bläßhuhn den Namen. Schilf- und rohrbewachsene Ufer stehender oder langsam fließender Gewässer sind seine Brutgebiete. Die Nester findet man, kaum verborgen, im Schilfsaum. Ihre flache Mulde besteht aus Schilf- und Rohrstückchen. In der Regel werden ab Mitte April 6 – 10 gelblichgraue, dicht rotbraun punktierte Eier gelegt, die beide Partner bebrüten. Nach 21 – 24 Tagen fallen die jungen Bleßrallen aus und begeben sich bereits nach dem Trockenwerden aufs Wasser. Sie tragen ein schwarzes Dunenkleid mit auffallend orangefarbenen Dunen an Kopf und Hals. Der Kopf ist mit grellroten Papillen bedeckt. Auch das Schnäbelchen mit seiner weißen Spitze ist so gefärbt. Zuerst führt nur der Vater die Kinderschar, später auch die Mutter. Erfolgt eine zweite Brut, überläßt das Weibchen dem Männchen die letzte Führungsphase und brütet indessen erneut. Die ersten Tage übernachten Eltern und Küken zusammen im Nest. Fast neun Wochen brauchen die Jungen, bis sie flügge und selbständig sind. In ihrem braunschwarzen Jugendkleid wirken sie fast wie junge Teichrallen, doch fehlen die dafür typischen Merkmale. Im August zerstreut sich die Familie. Im Winter sammeln sie sich oft zu großen Verbänden. Dann bevölkern sie auch unsere Parkteiche und Staubecken in größerer Zahl. Ihre Nahrung besteht vorwiegend aus Wasserpflanzen, Samen, Würmern, Wasserinsekten und deren Larven, die auf der freien Wasserfläche oft durch Tauchen gesammelt werden.

Familie: Schnepfen – Scolopacidae
Familie: Regenpfeifer – Charadriidae

Großer Brachvogel *Numenius arquata*
Sein klangschöner Flötenruf „tlüü-hid" und der lange, abwärts gebogene Schnabel sind Kennzeichen dieses Vogels. Offene, feuchte Flächen der Wiesen, verheidetes Moorgelände, Sumpfgebiete und trockene Brachfelder (Name!) mit dichtem, niedrigem Bewuchs sind bevorzugte Aufenthaltsorte des Großen Brachvogels. Für das Gelege schafft er eine Mulde, die er spärlich mit Halmen und dürren Stengeln auslegt. Darin befinden sich oft 4 Eier mit olivbrauner, dunkelbraun gesprenkelter Schale. Von Mitte April bis Mai findet nur eine Brut statt. Das Vollgelege wird dann von beiden Partnern bebrütet. Die Brutzeit dauert ca. 28 Tage. Schon beim Ausschlüpfen piepen die Jungen „piu, piu" und künden damit den Schlüpftermin an. Ihr hellbräunliches Dunenkleid ist oberseits mit dunklen Flecken bedeckt. Das Schnäbelchen erreicht 21 Tage später etwa Kopflänge und beginnt sich schon zu krümmen. Mit beiden Eltern begeben sich die Küken nach wenigen Stunden auf Nahrungssuche und verlassen das Nest für immer (Nestflüchter). Auffallend kleine Objekte picken sie auf und untersuchen sie auf ihre Genießbarkeit. Kleine Würmer, Insektenlarven oder Körnchen gelten als Leckerbissen. Im Alter von etwa fünf Wochen sind sie flügge und sehen den Eltern schon sehr ähnlich. Auch der gebogene Schnabel hat fast seine volle Länge erreicht. Mit ihm können sie jetzt sogar Würmer, Weichtiere und Beeren (besonders Heidelbeeren) aufnehmen.

Kiebitz
46/33 mm

Kiebitz *Vanellus vanellus*
Wie ein bunter Lappen gaukelt das Kiebitz-Männchen im Frühjahr über Sumpfwiesen, Moore, Verlandungszonen und feuchte Äcker. Neuerdings findet man Kiebitze auch in relativ trockenem Gelände. Besonders charakteristisch sind das schwarzweiß gezeichnete Gefieder und der nach oben gerichtete Federschopf, der beim weiblichen Vogel kürzer ist. Die gellenden „kui-witt"-Rufe verhalfen dem Kiebitz zu seinem Namen. Er brütet nur einmal im Jahr. In eine vom Männchen gedrehte und mit wenigen Halmen ausgekleidete Mulde legt das Weibchen im April 4 Eier von olivgrünlicher oder -bräunlicher Grundfarbe mit großen schwarzbraunen Flecken. Das Gelege wird 24 – 25 Tage bebrütet. Dem Weibchen obliegt der Hauptanteil, und es wird nur für jeweils kurze Zeit vom Männchen abgelöst. Das frisch geschlüpfte Küken trägt ein bräunlich-graues Dunenkleid mit auffälligem weißem Nackenband und ist so noch besser als das Gelege farblich der Umgebung angepaßt. Es wird daher oft übersehen. Trotzdem besteht für diese Bodenbrüter große Gefahr, und nur mit List vermögen sie den Feind vom Nest abzulenken: Während die jungen Kiebitze auf Warnrufe der Eltern in Deckung gehen und sich mit vorgestrecktem Hals an den Boden drücken, richten die Altvögel gezielte Flüge oder „Scheinangriffe" gegen den Störenfried. Einige Kiebitz-Mütter lenken die Gefahr auf sich, stellen sich flügellahm und leiten so den Räuber vom Nest weg. Die Jungen können in etwa 36 Tagen fliegen. Bis dahin folgen sie dem führenden Elternteil, picken nach allerlei Insekten, besonders Käfern und deren Entwicklungsstadien, auch nach Schnakenlarven, kleinen Schnecken, Regenwürmern und Spinnen. Bei den Kiebitzen, die noch das Jugendkleid tragen, fällt neben dem viel kürzeren Federschopf die Schuppenzeichnung des Rükkengefieders auf.

Familie: Tauben – Columbidae

Ringeltaube *Columba palumbus*
Wo Wälder, Gehölze, große Grünanlagen und baumreiches Gartengelände zu finden sind, leben die Ringeltauben oft in großer Zahl. In Bucheckernjahren treten sie in Mitteleuropa sogar massenweise auf. Selbst aus den Wipfeln von Allee- und Straßenbäumen in Städten und Dörfern ist ihr lautes Gurren zu hören. Vom Frühjahr bis in den Sommer hinein läßt sich der Balzflug des Taubers leicht verfolgen. Steil lenkt das Männchen seinen Flug in die Höhe, klatscht die Flügel laut über dem Rücken zusammen und gleitet dann mit V-förmig aufgerichteten Flügeln wieder abwärts. Ist die Täubin gefunden, beginnen beide mit dem Nestbau. In früh belaubten Baumkronen und Stammausschlägen wird das oft nur aus wenigen trockenen Reisern bestehende Nest gebaut. 2 weiße Eier bilden das Gelege. Häufig kann man sie durch die dünne Reiserschicht erkennen. Gebrütet wird zwei- bis dreimal im Jahr, häufig ineinandergeschachtelt, daher spricht man auch von Schachtelbrut. Beide Geschlechter beteiligen sich an der 16- bis 17tägigen Bebrütung und nachher an der Fütterung. Die frisch geschlüpften Jungtauben sind blind, und ihre Augen öffnen sich erst im Alter von etwa drei Tagen. Den bläulich-rosafarbenen Körper bedekken spärlich rahmgelbliche Dunen. In den ersten neun Tagen werden die Jungen mit einem aus den Kropfdrüsen gebildeten Sekret (Tauben- oder Kropfmilch) geatzt. Danach versorgen die Eltern sie mit feinen Sämereien, Knospen, Blättern, Wurzeln, wenig später mit größeren Körnern. Bei der Fütterung stecken die beiden Jungvögel ihre Schnäbel von der Seite in die der Altvögel und nehmen so den hochgewürgten Futterbrei auf. Sie bleiben ungefähr vier Wochen im Nest, sind aber erst mit fünf Wochen richtig flügge und selbständig. Das Jugendkleid der Ausgeflogenen gleicht schon dem der alten Vögel, doch fehlen die weißen Flecke und Schillerfarben an den Halsseiten.

Turteltaube *Streptopelia turtur*
Diese kleinste unserer Wildtauben lebt zur Brutzeit in niedriger Höhenlage (bis 800 m) und bevorzugt lichte Waldungen, offenes busch- und baumreiches Gelände, Parkanlagen, verwilderte Gärten. Sie nistet auch im Gebüsch von Feldrainen, an den Ufern von Gewässern und Mooren, soweit genügend Bäume und Sträucher vorhanden sind. Bei der Balz gurrt die Turteltaube fortlaufend „turr“ in gleicher oder bei jeder Silbe erst ansteigender Tonlage. Das Weibchen baut ein flaches Nest aus dürren Reisern, die es locker zusammenfügt – meist in geringerer Höhe als andere Taubenarten. Zwischen Mai und Juli legt es in zwei Bruten je 2 glänzend weiße Eier, die es abwechselnd mit dem Männchen ausbrütet. Nach etwa 14 – 16 Tagen schlüpfen die Jungen. Sie sind nur spärlich mit fahl-strohgelb erscheinenden Dunen bedeckt. Ihre Nahrung besteht wie bei den Ringeltauben zunächst aus Kropfmilch, später aus gequollenen Samen. Die beiden Taubenkinder sind etwa 18 Tage ans Nest gebunden und verlassen es dann halbflügge, werden aber von den Altvögeln noch mit Atzung versorgt. Flügge geworden, unterscheiden sie sich durch brauner gefärbten Kopf und Rücken, auch durch die brauneren Flügel von ihren Eltern. Die charakteristisch weiß eingefaßten schwarzen Querstreifen am Hals fehlen ihnen noch. Die Turteltauben ernähren sich vor allem von Samenkörnern und Unkräutern. Sie sind Sommergäste und ziehen nach der Brut, oft ohne sich vorher zu mausern, in nahrungsreichere Gebiete und im Herbst dann in ihre Winterquartiere im Südwesten oder Südosten.

Familie: Schleiereulen – Tytonidae
Familie: Eulen – Strigidae

Schleiereule *Tyto alba*
Der goldbraune Vogel mit den herrlichen Perlflecken auf der Oberseite zeigt sich nur selten am Tag. Er ist ein Nachttier und kommt erst bei Einbruch der Dunkelheit hervor. Die Schleiereule, die man nach dem herzförmigen Gesichtsschleier so nennt, liebt zum Jagen die offene Flur, sonst ist sie an menschliche Siedlungen gebunden. Sie nistet auf Kirchtürmen und Dachböden, in Scheunen und Ruinen, brütet aber auch gern in alten Taubenschlägen. Ein Nest wird nicht gebaut, die Eier liegen auf dem nackten Boden oder zwischen alten Gewöllen. Im April sind gewöhnlich die ersten Gelege mit 4 – 7 weißen Eiern vorhanden. In mäusereichen Jahren gibt es auch Spätbruten und umfangreichere Gelege mit 10 und 12 Eiern. Nach Ablage des ersten Eies beginnt das Weibchen allein zu brüten. Die weiß bedunten Jungen schlüpfen nach 30 bis 33 Tagen. Die ersten acht Tage sind sie blind. Nach 10 Tagen wächst den Nestlingen ein zweites Dunenkleid, oberseits weißlich-grau und unterseits gelblich-weiß. Bis zur dritten Woche füttern die Alten ihre Jungen mit zerteilter Beute, vorwiegend mit Mäusen. Danach legen sie ihnen ganze Stücke vor, die von den Jungen unversehrt verschlungen werden. Die Niststätte wird von den Eulenkindern saubergehalten, denn zum Koten treten sie ein Stück zurück. Nach 8 Wochen werden sie flügge, werden aber noch weitere vier Wochen mit Beutetieren versorgt. Während sich die Jungvögel in der Umgebung zerstreuen, bleibt das Altvogelpaar in seinem Brutgebiet. Die Nahrung besteht überwiegend aus Mäusen, besonders Spitzmäusen, auch Feldmäusen und Ratten, seltener Fröschen, Kleinvögeln und Käfern.

Waldohreule *Asio otus*
Die Federohren dieser Art haben mit dem Gehörorgan nichts zu tun. Am liebsten hält sich die Waldohreule in den Randgebieten dichter Nadel- und Mischwälder auf. Zuweilen kommt sie sogar bis in baumreiche Gärten und Anlagen der Städte, wo nachts ihr dumpfer Ruf „hu-hu-hu“ ertönt. Den Tag verbringt sie auf Bäumen, wo sie nahe am Stamm auf einem Ast sitzt. Das Eulenpaar baut kein eigenes Nest, sondern benutzt alte Nester von Krähen, Elstern u. a. Rabenvögeln. Ihr Gelege findet man von Mitte März bis in den April hinein. Es besteht aus 4 – 6 weißen Eiern. Nur das Weibchen brütet, während das Männchen tagsüber in Horstnähe wacht und die Brütende mit Nahrung versorgt. Nach einer Brutzeit von 27 – 28 Tagen schlüpfen die sehr verschieden großen Eulenkinder. Ihr Nestkleid besteht aus kurzen weißen Dunen, durch die die rosa Hautfarbe schimmert. Das von der Mutter dargereichte Futter wird zerteilt an die Jungen verfüttert. Nach fünf Tagen öffnen sich die Augen der Eulenkinder. Jetzt sind auch schon die Ansätze der Federohren sichtbar; noch deutlicher erkennbar in dem hell graubraunen Zwischenkleid, das eine schwarze Gesichtsumrahmung zeigt. 21 – 24 Tage dauert die Nestlingszeit, dann erst wagen sie ihre ersten Ausflüge auf die Äste des Horstbaumes. Nach fünf Wochen sind die Jungen flugfähig, werden aber trotzdem noch weitere vier bis fünf Wochen von den Eltern mit Futter versorgt. Wie nützlich sich diese Eulenart durch Vertilgen von Mäusen erweist, zeigen zahlreiche Untersuchungen ihrer Gewölle. So fand man heraus, daß überwiegend Feldmäuse, dann Wald- und Wühlmäuse neben anderen Kleinsäugern ihre Nahrung bilden.

Familie: Eulen – Strigidae

Steinkauz *Athene noctua*
Kaum größer als eine Amsel ist unser kleinster Kauz. Er bewohnt vor allem das offene Kulturland mit Baumbestand, liebt alte Kopfweiden und hohle Bäume in Obstplantagen, Anlagen, Friedhöfen und Alleen. Sein lauter „kiwitt"-Ruf wird leicht mit dem des Waldkauzes verwechselt. Zum Nisten sucht der Steinkauz natürliche Baumhöhlen, aber auch verfallene, von Menschen nicht mehr bewohnte Häuser und auch Felshöhlen auf. Vor allem zieht es ihn in die Nähe menschlicher Siedlungen, wo alte Ruinen und Feldscheunen geeignete Nistmöglichkeiten bieten. Er brütet nur einmal jährlich im April oder Mai. Das Weibchen legt seine 4 – 5 weißen Eier auf den nackten Boden der Höhle und bebrütet sie etwa 28 Tage lang. Nach dem Ausschlüpfen tragen die Jungen ein weißes Dunenkleid. In den ersten 10 Tagen sind sie blind. Mit wimmernden Stimmchen betteln sie um Nahrung. Sie werden von beiden Altvögeln gefüttert, die ihre Beute zuvor am Höhleneingang zerkleinern. Vier Wochen bleiben die Jungen am Nistplatz, erst eine Woche später können sie fliegen. Im Jugendgefieder ähneln sie schon den Eltern, doch das Federkleid sieht noch ein wenig bräunlich aus. Steinkäuze fliegen auch am Tage. Gerne sonnen sie sich auf Dachgiebeln, Telegrafenmasten, Pfählen und Heuhaufen. In lautlosem Flug jagen sie vorwiegend in der Dämmerung. Ihre Nahrung besteht hauptsächlich aus kleinen Nagern, besonders Wühlmäusen, daneben vertilgen sie massenhaft Käfer und viele andere Insekten.

Waldkauz *Strix aluco*
Den Waldkauz, unsere häufigste heimische Eule, erkennt man leicht am runden Kopf und den schwarzen Augen. Wir finden ihn nicht nur in lichten Wäldern, sondern auch in größeren Parkanlagen und Alleen unserer Ballungsräume, wo er alte Bäume, Hausruinen, ja sogar noch benutzte Gebäude bewohnt. Fehlt es an Baumhöhlen, so bezieht er auch Türme, Ruinen und Dachböden sowie verlassene Krähennester und Greifvogelhorste. Wie alle Eulen baut auch er kein Nest. Die Käuzin legt das erste Ei mitunter schon Mitte Februar, meist jedoch Anfang bis Mitte März. Vollgelege enthalten 3 – 4 weiße Eier, die in Abständen von jeweils zwei Tagen gelegt werden. Jährlich findet nur eine Brut statt. Das Weibchen brütet die Eier in 28 – 29 Tagen allein aus und wird dabei vom Männchen mit Nahrung versorgt. Da die Bebrütung schon mit der Ablage des ersten Eies beginnt, schlüpfen die Jungen nacheinander und haben dementsprechend verschiedene Größe. Die Waldkauz-Kinder schlüpfen mit einem weißen Dunenkleid. Ihre Augen sind noch verschlossen, beginnen sich aber mit dem neunten Lebenstag zu öffnen. Nur das Weibchen füttert die Jungen, die bald ein hellgraues, dunkel-quergebändertes Zwischenkleid angelegt haben. Ihren Hunger melden sie mit einem „trie, trie", das später in „kuwick"-ähnliche Laute übergeht. Die Jungen bleiben 4 – 5 Wochen im Nest oder klettern am Horstbaum herum. In dieser Zeit verteidigt die Eulenmutter ihre Jungen sehr heftig und greift sogar zufällig vorübergehende Menschen an. Acht bis zehn Wochen werden die Jungen noch mit Futter versorgt, bevor sie selbständig Beute schlagen. Auch der Waldkauz verzehrt vorwiegend Mäuse, insbesondere Wühlmäuse, daneben aber auch Singvögel, Kriechtiere, Krebse, Insekten, Würmer und anderes Getier.

Familie: Kuckucke – Cuculidae
Familie: Spechte – Picidae

Kuckuck *Cuculus canorus*
Von Mitte April bis Ende Juni hört man den allbekannten Ruf des Kuckucks, Europas bekanntestem Brutparasiten. Nur das Männchen ruft, das Weibchen läßt ein Kichern hören. Der Kuckuck hält sich überall dort auf, wo seine Wirtsvögel leben. Das sind lichte Auwälder, Waldränder, Wiesen mit nahen Gehölzen, Baumgruppen und Hecken sowie die mit Schilf und Röhricht bestandenen Seen und Teiche. Typische Wirtsvögel: Pieper, Rotrückenwürger, Stelzen, Rohrsänger, Grasmücken, Rotkehlchen und Zaunkönig. Das Kuckucksweibchen legt seine Eier in zweitägigem Abstand und richtet sich dabei nach der Brutzeit des Wirtsvogels. Es legt jeweils nur 1 Ei ins fremde Nest. Kurz davor oder danach entfernt es statt dessen ein Nestei: Im Schnabel trägt es das Ei fort oder verschlingt es an Ort und Stelle. Der Kuckuck kümmert sich weder um seine Eier noch um die Jungen. Der Wirtsvogel brütet, und schon nach 12 Tagen schlüpft der nackte Jungkuckuck, der nach wenigen Stunden die restlichen Eier und Stiefgeschwister instinktiv aus dem Nest stößt. Er schiebt sich unter das Ei oder den Schlüpfling, rollt sie rückwärts an der Nestwand hoch und wirft sie hinaus. Liegt er schließlich allein im Nest, so sperrt er mit orangerotem Rachen nach Futter. Sein Nahrungsbedarf entspricht etwa dem einer sechsköpfigen Rotkehlchenbrut. Die Pflegeeltern schaffen ihm Insekten, deren Eier und Raupen herbei. Unter ihrer Pflege wächst der junge Kuckuck rasch heran und füllt die Nestmulde bald völlig aus. Mit 16 – 24 Tagen wird ihm das Nest zu klein. Er verläßt es. Auch der Jungkuckuck ist schon „gesperbert", sieht dem Altvogel (auch der braunen Form!) recht ähnlich, unterscheidet sich aber von ihm deutlich durch den charakteristischen weißen Nackenfleck.

Buntspecht *Dendrocopos major*
Diese Art bevorzugt lichte Laub- und Mischwaldungen, Nadelwälder und Feldgehölze, besiedelt aber ebensogern große Grünanlagen und Obstplantagen. Besonders im Frühjahr ist – wie bei den meisten Spechten – das Trommeln des Schnabels zu hören, das wie Trommelwirbel auf einen dürren, schwingenden Ast herniederprasselt. Es ist ein instrumentaler Balzruf und hat nichts mit dem Meißeln am Nistbaum zu tun. Im Frühjahr zimmert das Paar eine Bruthöhle; oft werden mehrere Höhlen angefangen, gelegentlich auch bestehende Höhlen ausgebaut. Die Bauzeit einer neuen Höhle dauert ca. drei Wochen. Zur Nistmulde führt ein rundes, ca. 5 cm großes Flugloch. Beide Vögel bebrüten abwechselnd im April/Mai 4 – 8 glänzend weiße Eier 11 – 14 Tage lang. Dann schlüpfen die Jungen völlig nackt und hilflos. Die Jungvögel sperren erst, wenn die Eltern die Papillen, Tastorgane im Schnabelwinkel, berühren. Von den nur wenige Tage alten Nestlingen hört man ein schwirrendes „krre-kree", das später in ein lärmendes „kjirrk-kjirrk" übergeht. Das charakteristische „kicks" geben Jungvögel bereits mit dem 22. Lebenstag von sich, wenn sie schon das Jugendkleid mit der roten Kopfplatte, ähnlich dem Mittelspecht, tragen. Nur der schwarze, bis zum Schnabel reichende Bartstreif fehlt noch. Die Nahrung besteht aus Insekten aller Art, vorwiegend aus Borken- und Rüsselkäfern und deren Larven. Im Alter von 20 – 24 Tagen fliegen die Spechte aus, kehren aber zur Nacht wieder in die Höhle zurück. Sie werden noch 10 – 16 Tage lang gefüttert, bevor die Eltern sie aus dem Brutrevier vertreiben.

Familie: Schwalben – Hirundinidae

Rauchschwalbe
20/13 mm

Rauchschwalbe *Hirundo rustica*
Jahr für Jahr kehrt die Rauchschwalbe als erster Schwalbenvogel zu ihrem alten Nest zurück. Die Vögel beginnen bald mit Ausbesserungsarbeiten an alten Nestern, oder sie bauen ein völlig neues Nest. Sie nisten im Inneren von Gebäuden, in Scheunen, Fluren und unter Torbögen, am häufigsten in Viehställen. Aus Lehmklümpchen, durchmengt mit Speichel und eingebauten alten Halmen, besteht das viertelkugelige Nest. Beide Partner sind am Bau beteiligt. Innen bilden Haare und Federn die weiche Unterlage für die Eier. Die ersten Gelege sind im allgemeinen größer als die späteren, im Durchschnitt 4 – 5 Eier bei den Maibruten und 4 bei den späteren. Die Eier sind weiß mit violettgrauer und rotbrauner Fleckenzeichnung. Das Weibchen brütet allein. Nach 14 – 18 Tagen schlüpfen die jungen Schwalben und werden von beiden Altvögeln mit Futter versorgt. Sie tragen im Nest ein graues Dunenkleid, das bald durch ein zweites – das als Untergefieder erhalten bleibt – ersetzt wird. Der Rachen und die Schnabelwülste sind hellgelb. Mit dem 20. – 22. Tag ihres Lebens fliegen die Jungschwalben aus, werden aber noch von den Alten gefüttert. An den matteren Farben ihres Gefieders und den viel kürzeren Steuerfedern unterscheiden sie sich von den Eltern. Im ersten Winter, den sie erleben, werden diese Steuerfedern durch die langen Schwanzspieße ersetzt. Ihr „wit"-Ruf erinnert an das Locken des Trauerschnäppers. In der ersten Zeit übernachten sie regelmäßig im Nest und finden hier auch später noch Schutz vor Unwettern. In anmutigem Fluge jagen sie fliegenden Kleininsekten nach.

Mehlschwalbe
18/13 mm

Mehlschwalbe *Delichon urbica*
Am besten erkennt man die Mehlschwalbe an ihrem weißen Bürzel. Aber nicht nur im Aussehen unterscheidet sie sich von der Rauchschwalbe, sondern auch in der Nistweise. Ihr halbkugeliges Nest mit kleinem Einschlupfloch baut sie unter Dachrinnen, Mauervorsprüngen und Fenstersimsen an der Außenseite von Gebäuden. Häufig liegen die Nester kolonieweise beieinander. Sie sind mit eingebauten, dürren Halmen und Wurzeln verfestigt und innen weich mit Federn ausgekleidet. Gewöhnlich brütet die Mehlschwalbe zweimal im Jahr, bisweilen auch dreimal. Von Mai bis August werden meist je 4 – 5 weiße Eier gelegt. Das Gelege wird von beiden Altvögeln 12 – 15 Tage lang bebrütet. Eben geschlüpfte Jungvögel tragen ein hellgraues Dunenkleid, das wenig später durch ein zweites ersetzt wird. Sie reißen bettelnd ihre Schnäbel auf, wobei der dunkelgelbe Sperrachen, von helleren Wülsten umrahmt, sichtbar wird. Als Nahrung bekommen sie Mücken und Fliegen. Ihre Kotballen werden einfach aus dem Nest geschleudert. Die Jungen bleiben 19 – 22 Tage im Nest, das sie vollflügge verlassen. In der näheren Nestumgebung auf Leitungsdrähten sitzend, werden sie dann von den Altvögeln im Rüttelflug mit Atzung versorgt. Ihr Jugendgefieder ist oberseits zwar bräunlich, trotzdem sind sie schon als Mehlschwalben-Kinder zu erkennen. Längere Zeit, etwa bis zum Wegzug im September, verbringt die Familie die Nacht in derselben Kinderwiege. Die Jungvögel aus den ersten Bruten bleiben oft bis zum Abzug in diesem Nest. Die Mehl- und Rauchschwalben überwintern im tropischen Afrika. Sie ernähren sich fast nur von Insekten, vor allem Fliegen und kleinen Käfern, die sie im Fluge fangen.

Familie: Lerchen – Alaudidae
Familie: Stelzen – Motacillidae

Feldlerche
23/17 mm

Feldlerche *Alauda arvensis*
Schon ab Februar ertönt das Lied der Feldlerche regelmäßig bis Anfang Juli. In dieser Zeit verteidigt das Männchen sein Revier und lockt das Weibchen. Ab August hören wir den Gesang nur noch selten. Singend steigt die Feldlerche beinahe senkrecht auf, steht oft lang rüttelnd in der Luft und verstummt auch nicht beim Herabgleiten zur Erde. Erst kurz über dem Boden wird sie still. Sie nistet überall im offenen Gelände. Ihr Nest baut sie in kleinen Mulden am Boden, geschützt von Grasbüscheln und Erdschollen. Trockene Halme, kleines Wurzelwerk und Blatteile dienen als Baumaterial. Die glatte Innenwand des Nestes wird mit feineren Hälmchen, gelegentlich auch mit wenigen Tierhaaren ausgekleidet. Die ersten Gelege können wir bereits Ende April finden. Sie umfassen 3 – 5 Eier, deren schmutzigweiße Grundfarbe unter den dicht beieinanderliegenden kräftig braunen Sprenkeln fast verschwindet. Die zweite Brut im Juni besteht aus ebenso vielen Eiern. Das Weibchen brütet 11 – 14 Tage und wird manchmal auch vom Männchen abgelöst. Die hilflosen Lerchenkinder sehen in ihrem Erstlingskleid aus wirren, strohgelben Dunen wie kleine Schimmelklumpen aus. In ihrem gelben Rachen sind kleine schwarze Zungenpunkte zu sehen. „srii, srii“ betteln sie um Futter. Das Elternpaar füttert Insekten, allerlei Sämereien und grüne Pflanzenteile. Bereits mit 9 Tagen hüpfen sie aus dem Nest, verbergen sich sofort und sind mit ca. 16 Tagen flügge und selbständig. Nur das Fehlen der kleinen Kopfhaube (gesträubte Scheitelfedern) und der etwas kürzere Schwanz lassen sie noch als Junglerchen erkennen.

Baumpieper
20/15 mm

Baumpieper *Anthus trivialis*
Singend steigt der Baumpieper von einer freien Warte aus im Balzflug in die Höhe, spreizt Flügel und Schwanz im Herabgleiten und beendet sein Lied mit einem kanarienähnlichen Roller. Ein unreines „psie“ ist sein Flugruf. Waldblößen, Schonungen mit viel Unterholz, Kahlschläge und Kiefernheiden sind sein liebster Aufenthalt. Sein Nest baut er am Boden dort, wo Grasbüschel, Stauden, Farn- oder Heidekraut und Gebüsch ausreichend Deckung gewähren. Es besteht aus Halmen, Blattstückchen und Moos. Feinere Hälmchen und Tierhaare kleiden die Mulde aus. Fünf sehr variable, oft grauweiße Eier mit braunen Flecken bilden das Gelege. Ist es im Mai oder Juni vollzählig, wird es in 12 – 13 Tagen nur vom Weibchen bebrütet. Die Schlüpflinge tragen dunkelgraue Dunenbüschel auf Köpfchen, Nakken und Rücken. Aus dem Nest hört man ihr feines „ziep, ziep“. Schon beim Antippen des Nestes sperren sie den orangeroten Rachen mit den gelben Wülsten weit auf. Gefüttert werden sie von beiden Altvögeln, bis sie nach 12 – 14 Tagen, noch fluguntüchtig, aus dem Nest hüpfen (Bodenbrüter!). Weit verstreut hocken sie dann am Boden und machen sich bemerkbar, wenn eines der Eltern mit Futter zurückkommt. Aus dem Laub werden Insekten und deren Larven geholt. Das Jugendkleid wirkt durch die breiten rostroten Federn rötlicher als das Gefieder des Altvogels und erscheint oberseits mehr gestreift. Nach der Nestzeit bleibt die Familie noch etwa 14 Tage zusammen, dann löst sich der Verband auf, und die Jungvögel verlassen das elterliche Brutrevier.

Familie: Stelzen – Motacillidae

Gebirgsstelze, Bergstelze *Motacilla cinerea*
Schnell fließende Bäche und Flüsse sowie alte Wassermühlen sind der liebste Aufenthalt unserer Gebirgsstelzen. Dort errichtet das Pärchen in Höhlungen einer felsigen Uferböschung oder auch im Gemäuer ein Nest aus Halmen, Wurzeln, Moos und Blättern, das es innen mit Haaren und Wolle weich und warm ausstattet. Meist gibt es eine Brut, manchmal auch zwei. Das Gelege enthält 5 – 6 Eier mit einer hellen grüngelblichen Schale, die rotbraun gefleckt ist. Innerhalb von 12 – 14 Tagen werden die Eier abwechslungsweise von beiden Eltern ausgebrütet. Beim Schlüpfen haben die Jungen hellgelbe Dunen auf Kopf und Rücken – im Gegensatz zu den Bachstelzenkindern, die mit weißgrauen Dunen schlüpfen. Beim Sperren sieht man den einfarbig gelb-orangenen Rachen der Jungen. Beide Vogeleltern suchen zwischen den Steinen am Wasser nach Beute für ihre Brut. Auch Insekten, die sie im Flug oder Sprung schnappen, bringen sie den Kindern. Die Hockzeit beträgt 12 – 13 Tage, dann verteilen sich die Jungen in der näheren Umgebung des Nestes. Hier werden sie noch eine Zeitlang von den Eltern geführt. Mit 17 Tagen sind sie dann flügge. Ihr Jugendkleid gleicht dem einer ausgewachsenen Schafstelze: bräunlichgelbe Brust und oberseits braungraues Gefieder. Der etwa 10 cm lange Schwanz hat seine volle Länge nach etwa 41 Tagen erreicht. Sie ernähren sich vorwiegend von Insekten, wie Fliegen, kleine Käfer, Libellenlarven, aber auch von kleinen Krebschen und kleinen Weichtieren.

Bachstelze
20/17 mm

Bachstelze *Motacilla alba*
Obwohl man diese Stelze wegen ihres Namens an Bächen, Flußufern, Seen und Teichen vermutet, ist sie auch in Dörfern, wo sie oft ein munteres „siwitt“ hören läßt, weit verbreitet. Nur nach der Fortpflanzungszeit trifft man sie noch regelmäßig an Flüssen und Seen an. Ihre Nester stehen in den Halbhöhlen des Mauerwerks, in alten Kopfweiden, unter Brücken und auf Balken in alten Schuppen. Sie sind unordentlich zusammengefügt gleich einem Haufen aus Halmen, Wurzeln, Fasern, Blattstücken und Moos. Die tiefe Mulde wird mit Tierhaaren und Federn ausgelegt. Ende April sind gewöhnlich die ersten Gelege vorhanden; in der Regel gibt es zwei, gelegentlich auch drei. Sie enthalten 5 – 6 bläulich-weiße, dicht dunkelgrau bis bräunlich gefleckte Eier. Nach Ablage des letzten Eies brütet das Weibchen allein 12 – 14 Tage. Dann schlüpfen die weißgrau bedunten Jungen, die zunächst blind sind. Gefüttert werden sie von beiden Altvögeln vornehmlich mit Fluginsekten. Mit feinen „sis-sis-sis-sis“-Lauten betteln sie. Beim Sperren wird in ihrem dunkelgelben, von helleren Wülsten umrahmten Rachen die Zunge als rotes Dreieck sichtbar. Schon im Nest wippen die Jungen mit dem Schwänzchen, eine Eigenschaft, die ihnen angeboren ist. Nach 14 – 15 Tagen fliegen sie aus und lassen sich noch für einige Zeit von den Eltern füttern. Während die Jungen sich in der Umgebung verteilen, bleibt das Altvogelpaar im Brutgebiet. Noch tragen die Ausgeflogenen das schlicht gefärbte Jugendkleid, sind aber trotz bräunlich-grauer Oberseite und dunkelbraunem Kopfband schon als Bachstelzen zu erkennen. Sie ernähren sich von Fliegen, Käfern, Kleinschmetterlingen und sonstigen kleinen Insekten.

Familie: Zaunkönige – Troglodytidae
Familie: Braunellen – Prunellidae

Zaunkönig
16/12 mm

Zaunkönig *Troglodytes troglodytes*
Diesen Vogelzwerg mit dem keck aufgestellten Schwänzchen im dichten Gebüsch oder Reisighaufen zu entdecken, ist oft gar nicht so einfach. Man könnte ihn prompt übersehen, würde nicht der laute, schmetternde Gesang mit dem kräftigen Roller oder das lärmende Gezeter seine Anwesenheit verraten. Gern hält er sich in Wassernähe auf, wo Gestrüpp und Wurzelwerk die Ufer säumen. Doch bewohnt er auch Mischwaldungen und buschreiche Gärten. Dort errichtet das baulustige Männchen mehrere kunstvolle Nester aus Moos, dürren Blättern, Farnen und Halmen, gut verborgen im Buschwerk und Gerank, in Holzhaufen, Mauerhöhlen und zwischen Baumwurzeln. Jedes ist ein völlig geschlossener, kugeliger Bau mit seitlichem Einschlupfloch, doch fehlt jedem die Innenauskleidung. Erst wenn ein Weibchen diese „Spielnester" besichtigt und sich für eines entschieden hat, wird das dann mit Federn weich ausgestattet. Die anderen Nester werden zum Übernachten benutzt. Meist gibt es zwei Bruten im Jahr. Das Gelege enthält 5 – 7 Eier mit weißen, rotbraun gepunkteten Schalen. In 16 – 18 Tagen bebrütet das Weibchen die Eier und übernimmt dann auch die Aufzucht der Brut. In den Zweigen oder am Erdboden sucht es nach Spinnen, Räupchen oder winzigen Insekten für die Jungen. Alle Zaunkönig-Kinder tragen als Nestlinge spärlich dunkle Dunenbüschel auf Kopf und Rücken und haben einfarbig dunkelgelbe Rachen. Ihr lautes „zip, zip" ertönt auch dann noch, wenn sie schon längst das den Eltern sehr ähnliche Jugendkleid angelegt haben. Nach 15 – 17 Tagen fliegen sie aus, übernachten in einem der Spielnester und werden noch einige Tage von den Eltern bewacht.

Heckenbraunelle
19/15 mm

Heckenbraunelle *Prunella modularis*
Wo Jungfichten, dichtes Gebüsch und Hecken in größeren Gärten, Parkanlagen und auf Friedhöfen zu finden sind, führt die Heckenbraunelle ihr verstecktes Dasein. Sie lebt auch in unterholzreichen Mischholzbeständen und Nadelwäldern, vorzugsweise aber in Fichtenschonungen. Der unscheinbare Vogel wird leicht übersehen und oft überhört. Seine Lockrufe, ein durchdringendes „thit" und ein leises „dididid", fallen nur dem Erfahrenen auf. Die Heckenbraunelle nistet in geringer Höhe, doch wird ihr Nest auch zuweilen am Boden gefunden. Es ist ein schöner Bau, der vorwiegend aus Moos besteht und gern im Schutz von überhängenden Blättern errichtet wird. Da die roten Sporenträger von Moosen oft die Innenauskleidung des Nestes bilden, kommen die schönen, blaugrünen Eier besonders prächtig zur Geltung. Vollgelege mit 4 – 5 Eiern sind Mitte April vorhanden. Im Juni oder Juli wird ein ebensogroßes Zweitgelege gezeitigt, das ebenfalls nur vom Weibchen bebrütet wird. Nach 12 – 14 Tagen schlüpfen die Jungen, deren Nestkleid aus schwarzen Dunen besteht. Die Schnabelwülste sind hellrosa, der Rachen leuchtend gelborange, mit vier glänzend-weißen Flecken. 13 – 14 Tage dauert die Nestlingszeit. Die Jungen verlassen das Nest, noch bevor sie flügge sind und verstekken sich im Gebüsch der Umgebung. Ihr Jugendkleid ist schon ähnlich gefärbt wie das Gefieder der Altvögel, doch fällt die dunkellängsgefleckte Kehle deutlich auf. Bevor sie selbständig sind, werden sie noch wenige Tage vom Altvogelpaar betreut. Sonderbar ist, daß die insektenfressenden Vögel ihre Jungen auch mit einem Brei aus Sämereien aus dem Kropf füttern.

Familie: Würger – Laniidae
Familie: Grasmücken – Sylviidae

Rotrücken-
würger
22/17 mm

Rotrückenwürger, Neuntöter *Lanius collurio*
Der Rotrückenwürger bewohnt offenes Gelände, Randgebiete von Wäldern, Gehölze, Eisenbahndämme und Feldwege mit dichten Dornhecken und vielem Buschwerk. Hier hält der Vogel von einem frei herausragenden Ast Ausschau nach Beutetieren. Ab und zu macht er auch Beute bei einem Spähflug entlang der Hecken. Der Gesang des Rotrückenwürgers steckt voll von Nachahmungen anderer Vogelstimmen, darin ist er Meister. Das Nest besteht aus Stengeln, Wurzeln und Moos, der Innenausbau aus Würzelchen. Es wird besonders gern im Schutz dorniger Hecken nur wenig über dem Boden angelegt. 4 – 6 Eier, in der Grundfarbe recht variabel und mit grauen und rotbraunen Flecken bedeckt, bilden Mitte Mai bis Juni das Gelege. Ausschließlich der weibliche Vogel brütet und wird vom männlichen mit Atzung versorgt. Die Brutzeit dauert 14 –15 Tage. Der frischgeschlüpfte Nestling ist blind und nackt. In den dunkelgelben Rachen, der von hellgelben Wülsten umrahmt ist, werden zahlreiche Insekten gestopft. Die Jungen bleiben 12 – 15 Tage im Nest, danach noch gut 14 Tage im Gezweig der näheren Umgebung. So lange versorgt sie das Elternpaar noch mit Nahrung. Durch „dsrätt"-Rufe (Standlaute) verraten sie den futterbringenden Altvögeln ihren Sitzplatz. Das Jugendkleid der Ausgeflogenen gleicht dem der alten Vögel und ist an Kopf und Oberseite an der feinen, dunklen Wellenzeichnung zu erkennen. Der Rotrückenwürger ernährt sich vor allem von Insekten, aber auch von Fröschen und Eidechsen sowie von Feldmäusen und sonstigen Kleinsäugern. Gelegentlich frißt er auch Nestlinge von Singvögeln, die in seiner näheren Umgebung brüten. Im allgemeinen spießt er seine Beute auf oder klemmt sie ein.

Teichrohr-
sänger
18/14 mm

Teichrohrsänger *Acrocephalus scirpaceus*
An unseren schilfbestandenen Seen, Teichen und in der dichten Vegetation von Überschwemmungsgebieten lebt der Teichrohrsänger, dessen unglaublich taktfestes Lied man minutenlang ununterbrochen hören kann. Man trifft ihn meistens im Röhricht, wo er gerne am Schilfrohr auf- und abrutscht und von Rohr zu Rohr hüpft. Er bewegt sich auch gerne durch das Ufergebüsch oder nimmt mit Goldrutenbeständen Vorlieb. Das tiefnapfige Nest besteht aus Schilffasern und Teilen von Gräsern. Es hängt an drei oder vier Schilfhalmen über dem Wasser. Die Brutzeit beginnt Mitte bis Ende Mai. Das Weibchen legt meist 4 – 5 grünlich-weiße, graugezeichnete Eier und brütet sie abwechselnd mit dem Männchen aus. Nach 11 – 12 Tagen schlüpfen die Jungen im Juni; sie sind anfangs nackt, ihr Nestkleid entwickelt sich erst später. Etwa 11 – 14 Tage lang werden sie von beiden Eltern mit Insekten gefüttert. Ihr gelber Sperrachen, in dem zwei schwarze Zungenpunkte deutlich sichtbar sind, ist von helleren Wülsten umrahmt. Begleitet wird das Sperren von einem feinen „zriäh", das mit zunehmendem Alter in „zrääh" übergeht. Nach der Nestlingsperiode, die 9 – 13 Tage dauert, klettern die noch keineswegs flüggen Vogelkinder schon im Röhricht umher. Bis zu ihrem 25. oder 27. Lebenstag wird ihnen noch vom Elternpaar das Futter gereicht. Erst dann löst sich der Familienverband auf, und die Jungen werden selbständig. In ihrem Jugendkleid sehen sie den erwachsenen Vögeln bereits sehr ähnlich.

Familie: Grasmücken – Sylviidae

Mönchsgras-
mücke
19/15 mm

Mönchsgrasmücke *Sylvia atricapilla*
Zu den Edelsängern unserer sommerlichen Landschaft zählt die Mönchsgrasmücke. Mit ihrem leise plaudernden Gesang und dem kurzen, flötenden Überschlag gehört sie zu den beliebtesten unserer Sänger. Ihr Lebensraum sind die lichten Laub- und Mischwälder, die viel Unterholz aufweisen. Ebensogern sucht sie die Ränder von Feldgehölzen auf und kommt in alten, dicht verwachsenen Gärten und Parks vor. Dort steht das Nest in einer Astgabel von Büschen und Gestrüpp oder in jungen Nadelbäumen – kaum höher als einen Meter. Zum Bau holen Männchen und Weibchen Halme, feine Wurzeln, Stengelchen, Baumflechten und Pflanzenwolle herbei. Schließlich wird das fast fertige Nest mit Gespinsten verfilzt und die Mulde mit Tierhaaren ausgekleidet. Anfang Mai kann man die ersten Gelege finden, die meist aus 5 – 6 Eiern bestehen. Sie tragen auf gelblichem, bräunlichem oder weißrötlichem Grund eine braunrote Fleckung mit ebensolchen Brandflecken. Das dichte Auftreten dieser Flecken verleiht den Eiern oft ein marmoriertes Aussehen. Im Juni finden Zweitbruten statt. Mit Ablage des zweiten Eies beginnt das Weibchen mit dem Brutgeschäft und wird vom Männchen abgelöst. 12 – 14 Tage später schlüpfen die Jungen. Sie tragen noch keine Dunen. Beim Sperren, verbunden mit heftigem Kopfzittern, wird der blaß rotgelbe Rachen sichtbar, was auf die Eltern einen besonderen Reiz ausübt. Die Kinderschar bleibt 11 – 13 Tage im Nest, ist aber nach dem Verlassen des Nestes noch längst nicht flugfähig. In der Umgebung verstreut, zeigen sie ihren Standort mit einem „git-itt“ an. Anfangs werden Räupchen, dann Insekten und deren Entwicklungsstadien in die hungrigen Schnäbel der Kleinen gestopft. Altvögel naschen mit Vorliebe auch reife Früchte, ganz besonders Wildbeeren.

Klappergras-
mücke
16/12 mm

Klappergrasmücke, Zaungrasmücke *Sylvia curruca*
Aus dichten Hecken, Dornenbüschen und Gestrüpp ist das klappernde Trillerlied „tjitjitji“ dieser Grasmücke zu vernehmen. Es klingt wie das Geräusch des Räderwerkes alter Wassermühlen. Die Klappergrasmücke liebt das offene, buschreiche Gelände, die Feldgehölze, Waldränder und -lichtungen, größere Gärten und unterholzreiche Parkanlagen und Friedhöfe mit Jungfichten. Unausgesetzt läßt das rege „Müllerchen“, wie sie nach der Klapperstrophe noch benannt wird, sein Liedchen hören, wobei es munter durch das Buschwerk huscht. Im Gegensatz zur Mönchsgrasmücke gibt es hier nur eine Jahresbrut. Das Gelege besteht aus 4 – 6 weißen, spärlich rotbraun oder violettgrau-gefleckten Eiern. Im Mai oder Juni sitzt das Pärchen, abwechselnd brütend, auf dem Nest, das locker aus Halmen, feinen Wurzeln, Tierhaaren und Gespinsten zusammengefügt und kaum höher als 80 cm in einen Busch gebaut ist. Nach 11- bis 12tägiger Brutdauer schlüpfen die völlig nackten Jungen. Noch wärmt sie das Weibchen, aber dann meldet sich der Hunger. Blattläuse, weiche Insekten und deren Larven werden von beiden Eltern für die Kinderschar gesammelt. Mit ihren stark zitternden Köpfchen, mit feinen „zizizi“-Lauten und mit weit aufgesperrten Schnäbeln verlangen die Jungen nach Futter. Im Gegensatz zu anderen heimischen Grasmücken haben sie goldgelb-gefärbte Sperrachen, zeigen aber auch die hellgelben Wülste. Im flüggen Zustand sind die Jungen kaum noch von ihren Eltern zu unterscheiden. Erwachsene Klappergrasmücken naschen hin und wieder gern von süßen Beeren, von denen es in ihrem Brutrevier so viele gibt.

Fitis
15/12 mm

Fitis *Phylloscopus trochilus*
Der Fitis liebt Auwälder, lockere Laub- und Mischwaldbestände, besonders Schonungen und Birkengehölze. Auch in Feldgehölzen, im Weidengebüsch am Bach sowie in alten Gärten und großen Parks treffen wir ihn. Die beiden Laubsänger-Arten sehen sich recht ähnlich, und auch in der Lebensweise unterscheiden sie sich kaum. Ihre Gesangsstrophen aber sind so individuell, daß man sie daran leicht auseinanderhalten kann. Das Lied des Fitis klingt wie ein Finkenschlag in Moll. Sein Kugelnest baut er wie der Zilpzalp ganz am Boden stehend und kleidet es im Inneren oft reichlich mit Federn aus. Das Weibchen baut es ganz allein und legt im Mai/Juni 5 – 7 gelblich-weiße Eier mit rostroten Flecken hinein. Nach einer Brutdauer von 12 – 14 Tagen sprengen die Kleinen die sie umgebenden Schalenhüllen; ihre Augen aber öffnen sich erst neun Tage später. Dann ist das Nestkleid, welches anfangs nur spärlich aus grauen Dunen auf Kopf und Rücken besteht, schon dichter geworden. Wenn die Jungen um Futter betteln, ist die gelbe Färbung des Sperrachens nicht zu übersehen. Zart klingt das „si-si-si-si" ihrer Stimmchen dem fütternden Altvogel entgegen. Nach 18- oder 19tägiger Fütterungszeit verlassen sie das Nest. Versteckt in den Zweigen sitzend, zeigen sie dann mit quäkenden Lauten ihren Standort an, und die betreuenden Elternvögel wissen sofort, wo sich die einzelnen Kinder verborgen halten. Von der Mutter geführt, bleiben sie noch ungefähr 10 Tage zusammen. Dann streifen sie gern in der Gesellschaft von Meisen umher, bis sie sich auf die Reise in ihr Winterquartier begeben. Zur Jungenaufzucht wie auch danach, besteht ihre Nahrung aus Insekten, deren Eiern, Larven und Puppen.

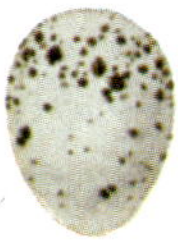

Zilpzalp
15/12 mm

Zilpzalp, Weidenlaubsänger *Phylloscopus collybita*
Überwiegend an Waldrändern, auf Lichtungen und in Schonungen aller Waldtypen mit viel Unterholz, aber auch in Parks und Gärten treffen wir diesen Weidenlaubsänger an. Aus den Baumkronen hört man sein bekanntes „zilp-zalp, zilp-zalp". Wie alle Laubsänger baut das Weibchen und mitunter auch das Männchen ein backofenförmiges Nest aus feinen, dürren Halmen, altem Laub und Moos und formt daraus einen ballartigen Haufen. Der überwölbte Einschlupf befindet sich seitlich, zeigt leicht nach oben und erinnert so in gewisser Weise an die Form unserer früheren Backöfen. Innen bilden Federn ein weiches Polster. Am Boden im hohen Farn und Altgras oder unmittelbar darüber in dichten Nadelbäumchen und Brombeergerank ist das Nest verborgen. Im Mai/Juni liegen 5 – 6 Eier im Nest. Ihre weißen Schalen sind mit rot- bis violettbraunen Flecken bedeckt. Wenn das Gelege vollzählig ist, also mit dem letzten Ei, beginnt das Weibchen mit dem Brüten. 14 – 15 Tage später schlüpfen die Jungen. Sie tragen auffallend hellgelbe Dunen auf Kopf und Rücken, wodurch sie sich von den jungen Fitis-Laubsängern unterscheiden. Meist zieht das Weibchen die Jungen allein auf. Kommt es mit Futter zum Nest, so leuchten ihm die hellgelben Sperrachen der Kleinen wie Farbsignale entgegen. Ehe die Kinderschar nach 13- bis 14tägiger Fütterungszeit das Nest verläßt, verschwinden noch große Mengen von Blattläusen und Kleininsekten in ihren hungrigen Schnäbeln. Das Jugendkleid der Ausgeflogenen gleicht schon dem der alten Vögel.

Familie: Fliegenschnäpper – Muscicapidae

Grauschnäpper
18/15 mm

Grauschnäpper *Muscicapa striata*
Dieser unscheinbare Vogel bewohnt aufgelockerte Waldungen aller Art sowie Parkanlagen und Gärten. Meist sitzt er in aufrechter Haltung frei auf trockenen Zweigen, auf Drahtleitungen, Zaunpfosten und schnappt plötzlich nach einer Fliege, die er entdeckt hat. Gelegentlich schwingt er sich in die Luft, um fliegende Insekten zu jagen und fährt dann nach der Rückkehr auf seinen Ausgangspunkt wieder fort, mit Schwanz und Flügeln zu zucken. Sein Lockruf klingt scharf „pst", sein Warnruf „teck, teck". Das Nest wird vom Männchen und Weibchen gemeinsam in natürlichen und künstlichen Halbhöhlen gebaut, seltener frei auf Spalieren und Stammausschlägen. Als Baumaterial verwenden sie Halme, Wurzeln und Moos, die sie nicht sehr fest zusammenfügen. Die Mulde kleiden sie mit Tierhaaren und Wolle, gelegentlich auch mit Stoffetzen und Federn weich aus, dann legt das Weibchen Ende Mai bis Juni etwa 5 bläulich-weiße, violettgrau und rostrot gesprenkelte Eier und brütet sie in 12 bis 13 Tagen aus. Manchmal gibt es auch ein zweites Gelege. Ob sich auch das Männchen am Brutgeschäft beteiligt, ist noch ungeklärt. Beim Schlüpfen tragen die Jungen auf Kopf, Hals und Vorderrücken schon graue Dunen. Ihre Sperrachen sind dunkelgelb, mit hellgelbem Zungendreieck und Schnabelwülsten in der gleichen Farbe. Darin verschwinden viele kleine Insekten, die eifrig vom Elternpaar im Anflug geschnappt werden. Um diese Zeit sind auch die zirpenden Bettellaute zu hören. Im Alter von 12 – 13 Tagen sind die Jungen flugfähig und verlassen das Nest. Ihr Federkleid gleicht zwar dem der Alten, erscheint aber, besonders am Rücken, durch die dunklen Federsäume gefleckt. Noch werden sie von den Eltern betreut, doch bald lernen sie selber, fliegende Insekten aus der Luft zu schnappen.

Trauerschnäpper *Ficedula hypoleuca*
Dieser kontrastreich gefärbte Fliegenschnäpper nistet gern auf hohen, alten Bäumen von lichten Laub- und Mischwäldern, aber auch von Baumgärten und Anlagen. Meist sitzt er auf einem Zweig in den Baumkronen. Von hier aus startet er zu einem Suchflug nach Insekten, erhascht sie in geschickter Drehung und läßt sich, mit Flügeln und Schwanz zuckend, auf einem anderen Zweig wieder nieder, um erneut nach Beute Ausschau zu halten. Selten kehrt er wie der Grauschnäpper zum gleichen Sitzplatz zurück. Dem Weibchen fehlt die schwarze Oberseite. Es ist graubraun und am weißen Flügelfeld zu erkennen. Sein Nest baut es gern in vorhandene Baumhöhlen oder Nistkästen mit möglichst engem Eingang. Als Material verwendet es Halme, Würzelchen und Blätter, die es locker zusammenfügt, und kleidet es innen mit Gras, Haaren und Federn aus. Das Weibchen legt Mitte Mai 5 – 8 einfarbig, bläulich-grüne Eier und brütet sie in etwa 14 – 16 Tagen aus. Die Jungen haben ein spärliches, dunkelgraues Dunenkleid. Ihr Rachen und die beiden Schnabelwülste sind dunkelgelb. Gefüttert werden sie von beiden Elterntieren mit Insekten. Mit dem 14. – 16. Lebenstag fliegen die Nestjungen aus, werden aber von den Eltern noch gemeinsam betreut. Vom ausgewachsenen Weibchen unterscheiden sich die Jungen durch ihre mattere Färbung und die gefleckte Oberseite, von jungen Grauschnäppern durch die weißen Außenfahnen des Schwanzes. Zuweilen dienen auch Regenwürmer und Raupen, im Spätsommer sogar Beeren, als Nahrung.

Familie: Drosseln – Turdidae

Hausrotschwanz
19/15 mm

Hausrotschwanz *Phoenicurus ochruros*
Schon lange vor Sonnenaufgang oder noch spät am Abend singt der Hausrotschwanz seine Strophe, einen nicht sehr melodischen, gepreßt krächzenden Gesang, den er meist von Dachgiebeln und Fernsehantennen herab vorträgt. Typisch für ihn ist die aufrechte Haltung seines Körpers und das häufige Schwanzzittern. Wie schon der Name sagt, hält sich der Hausrotschwanz gerne in Dörfern und Städten auf, die dem früheren Felsenvogel zur zweiten Heimat geworden sind. Trotzdem kommt er auch heute noch in felsigen Landschaften vor, wo er in Felsspalten und Klüften nistet. Sonst baut das Weibchen in Mauerlöchern, auf Balken unter Hausgiebeln, in Schuppen, Gartenhäuschen, häufig auch in Rohbauten ein lockeres Nest aus kleinen Wurzeln, Halmen, Moos und Fasern, polstert die Mulde mit Tierhaaren und Wolle aus und legt von April bis Juni in zwei Bruten je 5 – 6 weiße Eier. Ist mit dem letzten Ei das Gelege vollzählig, beginnt der weibliche Vogel allein das Brüten. Nach 13 – 14 Tagen schlüpfen die Jungen. Sie tragen blaugraue Dunen und werden von beiden Altvögeln mit Futter versorgt. In die dunkelgelben Rachen, von hellgelben Wülsten umrahmt, werden zahlreiche Insekten und deren Larven gestopft. Vom Schlupf bis zum Verlassen des Nestes brauchen diese Nesthokker 12 – 15 Tage. Bis zum Flüggewerden können sie sich nur hüpfend oder flatternd fortbewegen und sitzen auf Büschen oder am Boden. Durch „tscherr"-Rufe (Standlaute) erfahren die futterbringenden Eltern ihren Sitzplatz; in ihrem ungefleckten (!) Jugendkleid wirken sie fast wie erwachsene Weibchen dieser Art und der Gartenrotschwänze, doch Bauch und Brust erscheinen noch ein wenig dunkler.

Gartenrotschwanz
19/14 mm

Gartenrotschwanz *Phoenicurus phoenicurus*
Ein farbenprächtiger Kleinvogel unserer Gärten, Parkanlagen und Friedhöfe ist der Gartenrotschwanz. Am häufigsten finden wir ihn im baumreichen, offenen Gelände, in lichten Laub- und Mischwäldern, besonders wenn diese reich an alten Bäumen sind. Er nistet in Baumhöhlen, in Mauerlöchern und Nistkästen. Das Weibchen baut ein Nest aus trockenen Halmen, Wurzeln, Fasern und Blättern; die Mulde kleidet es mit Tierhaaren und Federn aus. Von Mai bis Anfang Juli legt es durchschnittlich 5 – 7 grünlich-blaue, spärlich rotbraun-gesprenkelte Eier und brütet sie in 13 – 14 Tagen aus. Im allgemeinen gibt es zwei Jahresbruten. Die frischgeschlüpften Kleinen haben auf Köpfchen und Rücken dunkelgraue Dunenbüschel und reißen schon hungrig das Schnäbelchen auf. Ihr Sperrachen ist leuchtend gelb, umgeben von hellgelben Schnabelwülsten. An der Aufzucht der Jungen beteiligt sich auch das Männchen. Beide Eltern sammeln dazu kleine, zarte Insekten in allen Entwicklungsstadien. Im Alter von 12 – 14 Tagen verlassen die Jungen die Nisthöhle und können dann schon recht gut fliegen. Ihr rahmfarbenes Jugendgefieder erscheint durch die braunschwarzen Endsäume ober- und unterseits so deutlich gefleckt, daß es mit dem eines jungen Hausrotschwanzes nicht verwechselt werden kann. Ein weiteres Unterscheidungsmerkmal bieten die inzwischen nach Rosa umgefärbten Schnabelwülste. Vom jungen Rotkehlchen unterscheidet sich der junge Gartenrotschwanz durch den brandroten Schwanz, der oft zuckt und in zitternde Bewegung gerät sowie durch das häufige Knicksen. Als Nahrung verwertet der Gartenrotschwanz Insekten aller Entwicklungsstadien, aber auch Spinnen und kleine Würmer, im Herbst auch Beeren.

Familie: Drosseln – Turdidae

Rotkehlchen
19/15 mm

Rotkehlchen *Erithacus rubecula*
Wenn wir auf Spaziergängen einem zutraulichen, kleinen Vogel mit auffallend großen, schwarzen Augen und orangeroter Kehle begegnen, kann das nur ein Rotkehlchen sein. Unter sich aber können diese Vögel recht zänkisch und unverträglich sein. Bis spät in die Dämmerung hinein ertönt ihr Gesang, der uns lieblich und schwermütig erscheint. In Wäldern, besonders feuchten Mischwäldern mit Unterholz, großen Moospolstern und dicker Altlaubschicht ist der Vogel zu Hause; er kommt aber auch in Feldgehölzen, in Gärten und Anlagen vor. In großen Sätzen hüpft er auf der Erde umher, läßt die Flügel etwas hängen und knickst wie ein Rotschwanz, ohne jedoch wie dieser mit dem Schwanz zu zittern. Sein Nest steht zwischen ausgefaulten Baumstümpfen, in Erdhalbhöhlen von Böschungen alter Hohlwege und dicht bewachsener Gräben, unter Wurzeln umgestürzter Bäume und an ähnlichen Plätzen. Zum Bau verwendet das Rotkehlchen vorwiegend grünes Moos, aber auch grüne und trockene Halme; die Mulde kleidet es mit Tierhaaren, zarten Wurzeln und Pflanzenwolle, gelegentlich auch mit Federn aus. Von April bis Juli werden zwei Gelege mit je 5 – 7 Eiern gezeitigt. Die Eier tragen auf gelblich-weißer Grundfarbe rotbraune Flecken. Das Weibchen brütet 13 – 14 Tage, dann schlüpfen die Jungen mit wirren, braunschwarzen Dunen auf Kopf und Rücken. Ihre einfarbig tiefgelben Sperrachen werden mit vielen kleinen Würmchen, Räupchen sowie größeren Bodeninsekten gestopft. Um diese Zeit sind auch die zirpenden Futtertöne wie „zitt, zitt" zu hören. Die Jungen bleiben 12 – 14 Tage im Nest. Ihr späteres Jugendkleid hat auf dem Rücken ein bräunliches, hell ockergelb-geflecktes Gefieder. Die noch braungelblichen Brustfedern sehen durch ihre dunkle Saumzeichnung wie Schuppen aus. Die Bauchfedern sind schon weiß.

Nachtigall
21/16 mm

Nachtigall *Luscinia megarhynchos*
In den Randgebieten von unterholzreichen Laub- und Auwäldern, im dichten Ufergebüsch mit hohem Brennesselbewuchs und auch in verwachsenen Gärten und Parkanlagen finden wir die Sangeskönigin unter den Vögeln: die Nachtigall. Das Weibchen wählt seinen Nistplatz am Boden oder direkt darüber, vorwiegend an laubreichen Stellen. Sein Nest baut es denn auch aus trockenem Laub, dürren Halmen und Moos und kleidet es mit Grasrispen und Haaren glatt aus. Das Gelege besteht aus 4 – 6 einfarbig olivgrauen oder -grün wirkenden Eiern, die so dicht gefleckt sind, daß die schöne blaue oder blaugrüne Grundfarbe kaum mehr zu erkennen ist. Wenn im Mai oder Juni das Gelege vollzählig ist, wird es vom Weibchen allein bebrütet. 13 – 14 Tage sitzt es auf den Eiern, dann schlüpfen die Jungen. Ein großes, dunkles Dunenbüschel ziert die kleinen Köpfchen, ebenso auch den Vorderrücken der Schlüpflinge. Im Nest lassen sie ein feines „tsi-tsi-tsis" hören und sperren beim Antippen des Nestes den goldgelben Rachen weit auf. Gefüttert werden sie von beiden Altvögeln, bevor sie nach 11 – 12 Tagen, noch fluguntüchtig, aus dem Nest huschen. Weit verstreut hocken sie dann umher und schnärren laut, wenn sich eines der Eltern mit Futter zeigt. Aus dem Bodenlaub werden kleine Schnecken und Würmer, Insekten und deren Larven für die Jungen geholt. Das Jugendkleid der Ausgeflogenen ähnelt dem der jungen Rotkehlchen, obwohl ihre Kehle weißlich und nicht bräunlich gefleckt ist.

Familie: Finken – Fringillidae

Gimpel, Dompfaff *Pyrrhula pyrrhula*
Das schwarze „Pfaffenkäppchen“ und sein behäbiges Wesen verhalfen diesem Vogel zum Namen Dompfaff. Er bewohnt unterholzreiche Mischwaldungen mit Dickichten, Fichtenschonungen, Feldgehölze mit eingestreuten Tannen und größere Parkanlagen, auch Obstpflanzungen und buschreiche Gärten. Sein schlichtes Nest baut er gern in kleine Fichten, aber auch in Rankengewächs, in dichte Hecken und Büsche. Es besteht aus dürren Zweigen, Halmen, Wurzeln und Flechten. Die Nestmulde ist mit feinerem Material ausgekleidet. Im Mai oder Juni/Juli finden zwei Bruten statt. 4 – 5 Eier, die auf bläulicher Grundfarbe rot- und schwarzbraun gefleckt sind, bilden das Gelege. Das Weibchen brütet 13 – 14 Tage lang und wird während dieser Zeit vom Männchen mit Nahrung versorgt. Eben geschlüpfte Jungvögel sind mit blaugrauen Dunen bedeckt. Ihr roter, gelbumrahmter Sperrrachen zeigt die für Finkenvögel typisch bläulichen Flecken an der Innenseite der Mundwinkel. Anfangs werden die jungen Gimpel von beiden Eltern mit Raupen und Insekten ernährt, erhalten aber auch Samenbrei aus dem Kropf. Sie hocken 12 – 16 Tage im Nest und werden vom Elternpaar betreut. Danach sitzen sie auf Buschzweigen und lassen sich ungefähr noch einen Monat weiter füttern. Dann sind sie selbständig. Ihr Jugendkleid sieht dem Gefieder der Mutter sehr ähnlich, auch wenn die schwarze Kopfplatte noch fehlt. Da die Gimpel gern Knospen von Obstbäumen naschen, stehen sie nicht im besten Ruf. Trotzdem sind diese bunten Vögel eine schöne Bereicherung unserer Gärten.

Kernbeißer, Kirschkernbeißer *Coccothraustes coccothraustes*
Mit seinem mächtigen, kegelförmigen Schnabel knackt der Kernbeißer Kirsch-, Pflaumen- und Schlehenkerne von reifen Früchten, die am Boden liegen, vermag aber auch sehr zärtlich seine Jungen damit zu pflegen. Als Lebensraum dienen ihm lichte Laub- und Mischwälder, größere Obstgärten und buschreiches Gelände. Mit Vorliebe sitzt er in den schützenden Baumkronen hoher Bäume, die er nur ungern verläßt. Er ist daher schwer zu beobachten. Das Weibchen baut sein Nest auf einer Unterlage aus Zweigen und Moos, meist hoch im Geäst. Als Nistmaterial verwendet es trockene Reiser, Halme und Wurzeln, zum Auskleiden des Innenraumes Tierhaare und Pflanzenwolle. Von Ende April bis Mai legt es 4 – 6 hellgraue oder -blaue Eier mit großen, graubraunen bis schwarzen Flecken. Typisch sind dunkle Schnörkel und Haarlinien, die an die Zeichnung der Grauammer-Eier erinnern. Beide Elterntiere brüten etwa 14 Tage und füttern die frischgeschlüpften Jungen noch 13 – 14 weitere Tage. Die Kernbeißer-Kinder tragen ein weißes Dunenkleid. Zur Aufzucht bekommen sie Kerbtiere und weiche Sämereien. Von allen Finkenvögeln haben sie den buntesten Rachen: In einem blauen Feld ist der rote Schlund und die rot eingefaßte, leuchtend rosa Zunge zu sehen. Die Schnabelspitzen sind innen orange. Noch nicht flügge, verlassen sie das Nest und hokken verstreut auf Ästen in der Umgebung, wo sie mit klirrendem „tzi tzi“ ihren Standort anzeigen. Aber selbst wenn sie flügge sind, lassen sie sich noch lange von den Eltern führen. Dem blassen Jugendkleid fehlt die bunte Zeichnung am Kopf; der sonst schwarze Kinnfleck ist gelblichweiß und die Unterseite schuppenartig gefleckt. Ausgewachsene Vögel ernähren sich neben den Fruchtkernen auch von großen Samenkörnern, Bucheckern, gelegentlich auch von Insekten, vor allem hartschaligen Käfern und deren Larven.

Familie: Finken – Fringillidae

Stieglitz
17/13 mm

Stieglitz, Distelfink *Carduelis carduelis*
Eine rot-weiß-schwarze Kopfzeichnung und breite, goldgelbe Flügelbinde sind die unverkennbaren Merkmale des Stieglitzes. Im offenen, baumreichen Gelände, in Obstplantagen, Parkanlagen, Friedhöfen und Gärten finden wir ihn, geschlossene Waldungen meidet er. Auf von Unkraut überwucherten Schutthalden und Feldrainen hält er sich gern auf, denn dort wachsen viele Disteln, deren Samen er besonders liebt, und deshalb nennt man ihn auch Distelfink. Ende April oder im Mai baut das Weibchen ein zierliches, dickwandiges Nest auf Obstbäumen, Pappeln, Kastanien und Fichten, gut versteckt im Geäst dünner Seitenzweige. Es flicht einen Napf aus feinen Stengeln, Halmen, Flechten, Wurzeln und Moos mit Gespinsten verwoben und kleidet das Innere mit Pflanzenwolle, zarten Wurzeln oder feinen Hälmchen weich aus. Von April bis Juni legt das Weibchen 4 – 5, oft auch 6 grünlich-blaue, spärlich rotbraun getüpfelte Eier, die es in etwa 13 Tagen allein ausbrütet. Im Juni oder Juli folgt noch eine zweite Brut. Die jungen Stieglitze schlüpfen mit grauen Dunen auf Kopf und Rücken. Ihr leuchtend roter Sperrachen ist von cremeweißen Wülsten umrahmt. Zart klingen die bettelnden Stimmchen beim Füttern. Zur Aufzucht der Jungen sammeln die Elterntiere Blattläuse und andere Insekten sowie deren Larven. Mit dem Größerwerden der Vogelkinder werden im Kropf aufgeweichte Sämereien verfüttert. Größer geworden, setzen die Jungen ihren Kot auf dem Nestrand ab, wo er liegenbleibt und eintrocknet. Mit 14 – 15 Tagen fliegt das Jungvolk aus und streicht mit den Eltern in der Nachbarschaft umher. Das Jugendkleid hat nur wenig mit dem Gefieder der Erwachsenen gemein. Sicherstes Kennzeichen: Gelbe Binde auf dem schwarzen Flügel und braune Färbung an Kopf, Brust und Rücken mit dunklen Flecken.

Hänfling
18/13 mm

Hänfling, Bluthänfling *Carduelis cannabina*
Vorwiegend in freier busch- und baumreicher Landschaft findet man den Hänfling, der große Gärten, Parks und Friedhöfe mit Fichtenhekken und anderen Gebüschen zum Brüten bevorzugt. Nach seiner blutroten Färbung an Scheitel und Brust nennt man ihn auch Bluthänfling. Das Weibchen ist unscheinbar braun, ohne Rot und nur an dem weißlichen Flügel- und Schwanzsaum zu erkennen. Sein Nest baut es in Bodennähe aus Halmen, Wurzeln, Fasern und Moos und legt die Mulde mit Wolle, Haaren und Federn weich aus. Von April bis Juli brütet das Weibchen zweimal. Jedesmal legt es 4 – 6 hellblaue, spärlich braunrot gefleckte Eier, die es in 12 – 14 Tagen ausbrütet. Vom Männchen wird es dabei gefüttert. Die Jungen schlüpfen mit langen rauchgrauen Dunen und zeigen blaurote Sperrachen, die von gelben Wülsten umgeben sind. An der Aufzucht beteiligen sich beide Eltern; sie schaffen auch den wie in einem Plastikbeutel verpackten Kot der Nestlinge fort. Gefüttert wird mit einem Futterbrei aus dem Kropf. Nach 12 – 13 Tagen verlassen die Jungen das Nest, und noch halbflügge werden sie auf Buschzweigen oder am Boden hockend noch einige Zeit vom Altvogelpaar betreut. Ihr Federkleid gleicht zwar dem der Mutter, doch fehlt die deutlich gefleckte Brust. Die Nahrung der Hänflinge besteht vor allem aus unreifen Sämereien, ganz selten Insekten und deren Larven.

Familie: Webervögel – Ploceidae

Haussperling
22/16 mm

Haussperling *Passer domesticus*
Nur im Sommer ist der Haussperling vorübergehend auf den Feldern zu finden, wo er sich von reifenden Getreidekörnern ernährt, sonst aber kann man sich diesen gefiederten Gassenjungen aus unseren Städten und Dörfern nicht mehr wegdenken. Selbst auf verkehrsreichen Straßen balgt er sich mit seinen Artgenossen um ein Stückchen Brot oder um ein Weibchen. Täglich klingt sein Tschilpen von den Dächern. Er nistet überall dort, wo unter Dachrinnen und Ziegeln, in Mauerlöchern, Baumhöhlen und Nistkästen ein Platz für das kugelige Nest vorhanden ist. Auch in Mehlschwalbennestern mietet er sich ein. Gelegentlich kommt es vor, daß ein Spatzenpaar ein Freinest in Sträuchern oder Baumkronen baut. Die Bauart weist auf eine Verwandtschaft mit den Webervögeln Afrikas hin, bei denen sich das seitliche Flugloch auch oberhalb der Nestkugel befindet. Da drei oder vier Bruten keine Seltenheit sind, beginnen beide Eltern schon im zeitigen Frühjahr mit dem Nestbau. Von April bis August legt dann das Weibchen meist 5 – 6 weißliche, grau- und braungefleckte Eier, die es abwechselnd mit dem Männchen in 13 – 14 Tagen ausbrütet. Nackt und bloß sind die Schlüpflinge, die sich dann ihrer beengenden Schalen entledigen. Ihr geöffneter, blaß rotblauer Sperrachen zeigt den Eltern an, daß sie Hunger haben. Es ist eigentümlich, daß die sonst körnerfressenden Spatzen ihre Nestlinge in den ersten fünf Tagen mit Insekten nähren. Erst dann stellen sie sich auf kleine Sämereien und milchreife Weizenkörner um. Beim Ausfliegen sind die Jungen schon 17 Tage alt, werden aber trotzdem noch 10 Tage betreut. Ihr Jugendkleid sieht dem Kleid der Mutter schon sehr ähnlich.

Feldsperling *Passer montanus*
Der lateinische Artname des Feldsperlings *Passer montanus* führt etwas irre. Montanus heißt nämlich: die Berge bewohnend. Wir treffen ihn nämlich weit häufiger im offenen Kulturland mit Laubwald, Gehölzen und alten Kopfweidenreihen, ebenso an Landstraßen, in Obstplantagen und Gärten sowie in der Nähe menschlicher Siedlungen an. Zwar ist er weit weniger auf Menschen angewiesen als der Haussperling, doch ebenso anpassungsfähig und vorsichtig wie er, so daß er vor Feinden recht sicher ist. Sein Nest gleicht dem des Haussperlings. Es steht in Baumhöhlen, Mauerlöchern oder Nistkästen. Aus Wurzeln, Gräsern und Stroh bauen beide Partner ein wirres Gebilde, das sie mit vielen Federchen weich auspolstern. Das Weibchen brütet zwei-, zuweilen dreimal im Jahr. Ab April legt es bis in den Juli hinein je 5 – 6 Eier, die von beiden Eltern in 13 – 14 Tagen ausgebrütet werden. Farblich variieren die Eier sehr. Oft weisen sie dichte braune oder rotbraune Flecken auf weißlichem Grunde auf. Junge Feldsperlinge schlüpfen nackt und zeigen beim Sperren eine purpurrote Rachenfärbung. Zart betteln sie mit piependen Stimmchen, wenn abwechselnd beide Altvögel zum Füttern ans Nest kommen. 14 – 16 Tage vergehen, bis die Jungen flügge das Nest verlassen. Bis zum Selbständigwerden betreut und führt das Elternpaar dann noch 14 Tage den flüggen Nachwuchs. Das Jugendgefieder ist matter gefärbt als das der Altvögel. Obwohl sie Körnerfresser sind, stellen sie sich im Sommer auch auf Insektennahrung um.

Familie: Pirole – Oriolidae
Familie: Stare – Sturnidae

Pirol
30/21 mm

Pirol *Oriolus oriolus*
Trotz seiner auffälligen Färbung sieht man den Pirol nur sehr selten, da er sich gern in dicht belaubten Bäumen aufhält. Bekannter sind dagegen seine klangschönen, flötenden Rufe. Er liebt vor allem Laubwälder, bewohnt auch größere Parkanlagen, alte Obstgärten und Pappelanpflanzungen, gelegentlich auch Kiefern- und Fichtenwälder. Das kunstvolle Nest hängt freischwebend in einer Astgabel, meist hoch in der Baumkrone. Aus langen Halmen, Fäden und Baststreifen wird es von beiden Partnern geflochten, die Innenauskleidung aus Wolle, Federn, weichem Moos und Gräsern übernimmt das Weibchen allein. Im Laufe des Juni, bisweilen schon Ende Mai, legt es 3 – 4 Eier, mit weißen, leicht schwarzbraun gefleckten Schalen, die beide Eltern in 14 – 15 Tagen gemeinsam ausbrüten. Die Schlüpflinge haben auf Kopf und Rücken gelbliche Dunen. Der rosa-orangene Sperrachen sowie das instinktive Kopfwiegen und Pendeln des Unterschnabels der Jungen lösen einen Reiz auf die Altvögel zum Füttern aus. Die Vogelkinder bleiben nur 14 oder 15 Tage im Nest, sind aber nach dem Verlassen des Nestes noch lange nicht flugfähig. Sie sitzen verstreut im Gezweig der näheren Umgebung und stoßen Laute (Standlaute) wie „keekeek" aus, wodurch sie den Eltern ihren Standort verraten. Anfangs werden Räupchen, dann Insekten und deren Entwicklungsstadien gefüttert. Altvögel fressen Insekten und naschen mit Vorliebe auch reife Früchte, bevorzugen dabei saftige Kirschen, Birnen und Beeren. Das Jugendgefieder gleicht dem Federkleid eines ausgewachsenen Weibchens. Die jungen Männchen erhalten erst im dritten Lebensjahr in Afrika ihre leuchtenden Farben.

Star
30/21 mm

Star *Sturnus vulgaris*
Nicht nur lichte Wälder, sondern auch Parkanlagen, Obst- und Ziergärten der Städte bewohnt der Star. In seinem weißgetupften Herbstkleid (Perlkleid), das er bis zum Winterausgang trägt, kennen ihn nur wenige Menschen. Besonders typisch ist sein Gesang, der oft viele Nachahmungen enthält und flügelschlagend vorgetragen wird. Als Brutplatz bezieht er Baumhöhlen, Mauerlöcher und Starenkästen. Diese enthalten ein unordentliches Nest aus Strohhalmen, Reiserchen, Stengeln und feineren Halmen, die vom Männchen eingetragen werden. Die Auskleidung der Mulde besorgt das Weibchen mit Federn, Moos oder Fasern. Im April oder Mai liegen 5 – 6 zart blaugrüne, ungefleckte Eier im Nest. Beide Eltern brauchen etwa 14 Tage zum Ausbrüten. Die anfangs wenigen Dunen auf Kopf und Rücken der Jungen sind mausbraun. Hungrig reißen die Kleinen ihre Schnäbel weit auf, so daß das leuchtende Gelb des Rachens sichtbar wird. Zart betteln sie mit ihren feinen Stimmchen, wenn die Altvögel abwechselnd mit einem Schnabel voll Futter am Nest erscheinen. Bald sind die Jungstare in der Höhle sehr laut und rufen anhaltend „tschirrr, tschirrr". Nach 18 – 21 Tagen verlassen sie flügge die Kinderstube. Das dunkelbraune Gefieder mit der weißen Kehle und den weißen Streifen auf der Unterseite unterscheidet sie von ihren Eltern. Zur Aufzucht wie auch danach besteht ihre Nahrung aus allerlei Insekten, deren Eiern, Puppen und Larven; aus Regenwürmern, Engerlingen und Schnecken. Oft fallen sie in großen Scharen vor der Reifezeit in Kirschplantagen und Weinberge ein.

Familie: Rabenvögel – Corvidae

Elster
34/24 mm

Elster *Pica pica*
In der offenen Feldflur, wo Büsche, Baumgruppen und Gehölze das Bild beleben, ist die Elster zu finden. Ebenso gern sucht sie Waldränder auf, auch in Dörfern und sogar in Städten kommt sie vor. Der von der Natur mit einem hübschen, metallisch-schillernden schwarzweißen Federkleid ausgestattete langschwänzige Vogel ist (wie die meisten Rabenvögel) ein gefürchteter Nestplünderer. Im Frühjahr baut er gleich mehrere Nester. Auf Bäumen, in Dornbüschen und Hecken steht das Nest in wechselnder Höhe. Männchen und Weibchen holen dornige Zweige, Stengel und Wurzeln und bauen daraus ein überdachtes Nest mit seitlichem Eingang. Innen wird es mit einer Erdschicht verfestigt und mit Halmen und Tierhaaren ausgepolstert. 5 – 7 grünlich-weiße, dicht graubraun-gefleckte Eier bilden Mitte April/ Mitte Mai das Gelege. Das Weibchen brütet 17 – 18 Tage. Die frischgeschlüpften Jungen sind noch nackt. Ihr zinnoberroter Sperrachen ist von gelben Wülsten umrandet. Gefüttert werden die Jungen mit vielen Würmern, Schnecken und kleinen Wirbeltieren. Während dieser Zeit sind auch die piependen Futtertöne der Brut zu hören. Die Jungen bleiben 24 – 27 Tage im Nest. Nach dem Verlassen des Nestkobels sind sie fast flügge und sehen in ihrem glanzlosen Jugendkleid mit dem kürzeren Schwanz einem Altvogel recht ähnlich. Der Familienverband bleibt bis zum Winterende zusammen. Die Vögel lassen oft ein lautes Schackern hören, wenn sie mit paddelnden Flügelschlägen zum nächsten Baum hinüberfliegen.

Eichelhäher
31/23 mm

Eichelhäher *Garrulus glandarius*
Die rätschende Stimme dieses allbekannten Rabenvogels ist in Wäldern, Feldgehölzen und größeren Parkanlagen nicht zu überhören. Im Sommer hält er sich gern in lichten Althölzern mit dichtem Unterwuchs auf. Das flache Nest besteht aus dürren Reisern, allerlei Stengeln und Wurzeln und wird versteckt in jungem Laubholzdickicht oder in Stammausschlägen von Bäumen etwa 1 – 6 Meter über dem Boden von beiden Partnern gebaut. Von April bis Mai beginnt das Weibchen mit der Eiablage. Es legt 5 – 7 graugrüne Eier, die mit braungrauen Flecken bedeckt sind und bebrütet sie vom ersten Ei an, wobei es gelegentlich vom Männchen abgelöst wird. Jährlich findet nur eine Brut statt. Die nackten rosahäutigen Jungen schlüpfen nach 16 – 17 Tagen. Die ersten acht Tage sind sie blind. Ihre Rachenfärbung ist rosarot, die Schnabelwülste sind rosafarben. Gefüttert wird von beiden Altvögeln, und sie beseitigen auch die in einem Häutchen eingeschlossenen Kotballen. Anfangs besteht die Nahrung aus Würmern und Insekten, deren Eiern und Larven, später werden vor allem Jungvögel anderer Arten verfüttert. Dabei sind von den Nestlingen quäkende Bettellaute zu hören. Nach ungefähr 20 Tagen verlassen die Jungen das Nest. Vorerst bewegen sie sich nur flatternd fort und werden dabei von beiden Altvögeln geführt und mit Futter versorgt. Die Häherkinder brauchen gut 5 – 6 Wochen, bis sie selbständig sind. In dieser Zeit erkennt man sie an ihrem weniger lebhaft gefärbten Jugendkleid mit der rotbräunlichen dunkleren Oberseite. Wie schon der Name sagt, liebt dieser Vogel besonders Eicheln, aber auch Bucheln. Viele versteckt er als Wintervorrat, findet aber längst nicht alle wieder und trägt so zur natürlichen Verbreitung von Eichen und Buchen bei.

Familie: Rabenvögel – Corvidae

Dohle
35/25 mm

Dohle *Corvus monedula*
Die Dohlen leben und nisten gesellig in Türmen, Burgen und Ruinen, an Felswänden, in Steinbrüchen, vereinzelt in Baumhöhlen. Sie gehören zu den größten Dieben unter den meist räuberischen Rabenvögeln. Oft stehlen sie die Eier samt den Jungen aus den Nestern anderer Vögel. Nachts lärmen sie oft scharenweise an ihren alten Nistplätzen und schreien ein abgehacktes metallisches „kjack-jack“. Bezeichnend ist auch ihr taubenartiges Flugbild. Beide Eltern fertigen das Nest gemeinsam in Höhlen oder Spalten von Felsen, auch in alten Bäumen, ja sogar in Kaminen. Sie bauen es unordentlich zusammen aus trockenen Zweigen, Stroh und Fasern. Die Fugen dichten sie häufig mit Erde ab und kleiden die Nestmulde mit Haaren und Wolle weich aus. Ende April oder Anfang Mai legt das Weibchen zart blaugrüne Eier mit grauen bis braungrauen Flecken. Vollgelege enthalten häufig 5 Eier. Die Brutzeit beträgt 16 – 18 Tage. Die Schlüpflinge haben auf hellrosafarbener Haut nur wenige graue Dunen. Beim Futterbetteln wird der blutrote, von gelben Wülsten eingefaßte Sperrachen sichtbar. Zart klingen ihre Bettellaute wie „kje kie, kje“ dem futterbringenden Altvogel entgegen. Die Nestlingsperiode dauert rund 4 Wochen, danach verstreichen die Jungdohlen in der Nachbarschaft. 6 – 7 Tage später sind sie flügge und wirken in ihrem Jugendkleid viel matter gefärbt als der Altvogel. Zur Jungenaufzucht besteht die Nahrung vorwiegend aus Insekten, danach bilden Würmer, Schnecken, kleine Wirbeltiere, Obst, Körner und Abfälle die Kost.

Rabenkrähe
40/30 mm

Rabenkrähe *Corvus corone*
Krähen bevorzugen offene Landschaftsformen, wo kleinere Wälder mit einzelnen Baumgruppen abwechseln. Sie leben aber auch in der Nähe menschlicher Siedlungen, in Parkanlagen, Alleen und auf Friedhöfen. Ihre „kraah“-Rufe verraten sie bald. Im zeitigen Frühjahr, noch vor dem Laubausbruch, bauen sie in einer starken Astgabel oder direkt am Stamm hoch in den Baumkronen ihr Nest. Nur wenn hohe Bäume fehlen, nisten sie auch auf Jungbäumen, im niedrigen Buschwerk oder gar am Boden. Das ganze Nest hat einen Durchmesser von etwa 60 cm. Als Unterbau verwenden sie kräftige, trockene Äste, die sie mit Grasbüscheln, Reisern, Wurzeln und Bast, oft auch mit Lehm ausbauen. Die Nestmulde, nur etwa 10 cm tief, wird mit Haaren, Moos und trockenem Gras weich gepolstert. Das Männchen schafft das Nistmaterial herbei, das Weibchen verbaut es. Ende März bis Anfang April legt das Weibchen 4 – 6 blau-grünliche, braunschwarz-gefleckte Eier, die es in 17 – 18 Tagen ausbrütet. Im allgemeinen bleibt es bei diesem einen Gelege. Das Weibchen brütet sofort nach Ablage des ersten Eies. Während dem Brüten wird es vom Männchen mit Nahrung versorgt. Nach der Brutzeit sprengen die spärlich dunkelgrau bedunten Jungen ihre Schalen. Ihr von schmalen, gelben Wülsten umgebener Rachen ist leuchtend rot. Gefüttert werden die Krähenkinder zuerst mit Körnern, Insekten und Würmern. Der Kehlsack der Altvögel ist oft so voll Nahrung, daß diese aus dem Schnabel hervorquillt. Mit dem 31. oder 32. Lebenstag fliegen die Jungen aus. Ihr Jugendkleid gleicht schon dem Gefieder der Eltern. Ihre Nahrung besteht aus Aas, Abfällen, kleinen Wirbeltieren, Jungvögeln und Käfern, aber auch aus pflanzlicher Kost.

Verzeichnis der wissenschaftlichen Namen

Verzeichnis der deutschen Namen

Familie: Drosseln – Turdidae

Amsel
29/22 mm

Amsel, Schwarzdrossel *Turdus merula*
Die Amsel, ursprünglich ein ausgesprochener Waldvogel, ist heute aus den Vorgärten und Anlagen unserer Städte nicht mehr wegzudenken. Trotzdem gibt es nach wie vor auch Amseln, die noch in den Wäldern leben. Sie unterscheiden sich in manchen Dingen von den Stadtamseln. So bauen sie etwa ihr großes Nest in Bäumen, Hecken und Büschen, während die „Stadtamseln" oft auch mit Blumenkästen, Mauernischen, Holzstößen vorlieb nehmen müssen. Ja, gelegentlich findet man ihre Nester auch auf Reklameleuchtbuchstaben und in Autowracks. Das Weibchen baut ein ordentliches, napfförmiges Nest aus Zweigen, welkem Laub und Moos und verkittet es nach Drosselart mit Lehm. Die Nestmulde legt es dagegen mit feinen, trockenen Halmen, manchmal auch mit Federn aus. Schon im März finden wir das erste Gelege, dem bis Juli noch ein zweites oder gar ein drittes folgen kann. Es besteht jeweils aus 4 – 6 bläulich-grünen, rostrot-gefleckten Eiern, die das Weibchen in 13 – 14 Tagen allein ausbrütet. Junge Amseln tragen im Nest graubraune Dunen und zeigen beim Sperren ihren gelben Rachen. Beide Eltern füttern die Jungen 13 – 15 Tage im Nest und dann noch etwa weitere zwei Wochen nach dem Verlassen des Nestes. Die Jungen sitzen dann am Boden verteilt im Buschwerk versteckt und lassen von dort ihre Standlaute „zrit" erklingen. Das jugendliche Gefieder erinnert an das Federkleid eines ausgewachsenen Weibchens. Bei jungen Männchen färbt sich der dunkle Schnabel erst mit Ausgang des Winters gelb.

Singdrossel
27/21 mm

Singdrossel *Turdus philomelos*
Der Lebensraum dieser Drossel umfaßt aufgelockerte Wälder aller Art, vor allem Laub- und Mischwälder, und hier die Randzonen, aber auch Gebüsche. Erst seit einigen Jahrzehnten lebt dieser Vogel auch in der Stadt und besiedelt Parkanlagen, alte Friedhöfe und Gärten. Ihr Nest baut die Singdrossel 1 bis 2 m hoch über dem Erdboden, besonders gern in Nadelhölzern, vor allem, wenn das übrige Gesträuch noch unbelaubt ist. Das dickwandige Nest steht auf einer derben Lage von kleinen Zweigen und besteht aus viel Moos und trockenen Grashalmen. Äußerlich gleicht es den anderen Drosselnestern. Innen aber wird die tiefe Nestmulde mit einem rasch trocknenden Brei aus eingespeicheltem Mulm und Erde glattgeschmiert und dadurch als Singdrosselnest sofort erkennbar. Die schönen blaugrünschaligen Eier, die mit dunklen bis schwarzen Tüpfelchen sparsam bedeckt sind, liegen direkt auf der harten „Betonschicht". Das Gelege besteht aus 4 – 6 Eiern. Im April/Mai wird die erste Brut aufgezogen, eine zweite folgt bald. Nach 12 – 13 Tagen schlüpfen die noch blinden und nackten Jungen. Nur auf Kopf und Rücken erscheinen spärliche strohgelbe Dunenbüschel. Ihr Sperrachen leuchtet tief gelb. Wenn sich die Eltern dem Nest mit Futter nähern, ist ein leises „tsi, tsi, tsi" zu hören. Die Hockzeit beträgt ungefähr 14 Tage. Die Brut verläßt das Nest noch ehe sie flügge ist und verstreut sich in der Nähe am Boden. Ihr Federkleid gleicht schon dem der Alten, doch ist der Schwanz kurz. Auch die noch sichtbaren Schnabelwülste und die Standlaute „zripp, zripp" verraten, daß sich hier Singdrosselkinder aufhalten. Bald lernen sie selbst, Schnecken, Würmer, allerlei Insekten und deren Larven zu erbeuten.

Familie: Meisen – Paridae

Kohlmeise
18/13 mm

Kohlmeise *Parus major*
Am häufigsten finden wir die Kohlmeise im Laub- und Mischwald, in Baumgärten, Stadtparks und auf Friedhöfen, seltener in reinen Fichtenbeständen. In dem 0,5 – 3 ha großen Brutrevier wählt das Weibchen den Platz für das Nest: Eine Baumhöhle, eine Erdspalte oder auch ein Mauerloch – ja selbst alte Blumentöpfe oder Zaunpfähle kommen in Betracht. Besonders beliebt sind Nistkästen. Die Größe des Nestes wird der Nisthöhle angepaßt. Das Nest selbst besteht aus einer dicken Moosschicht, die mit Halmen, Wurzeln und Fasern verbunden ist. Die tiefe Mulde kleidet das Weibchen mit Haaren, zarten Hälmchen und Wolle weich aus. Von April bis Juli zeitigt die Kohlmeise zwei Gelege (in Laubwäldern meist nur eines) mit durchschnittlich 8 – 10 weißen, grob rotbraun-gefleckten Eiern. Erst wenn alle Eier abgelegt sind, fängt das Weibchen an zu brüten. Im allgemeinen sitzt es 12 – 14 Tage auf dem Nest. Die frischgeschlüpften Jungen sind nackt, nur mit wirren Büscheln grauer Dunen auf dem Kopf. Beide Eltern füttern die Jungen. Anfangs besteht die Nahrung aus Blattläusen, Schmetterlingseiern und kleinen Räupchen. Später werden auch größere Bissen verfüttert. Ungefähr 15 – 21 Tage sitzen die Meisenkinder in dem engen Moosnest beisammen, dann fliegen sie aus. Mit weiteren acht Tagen sind sie zwar schon selbständig, werden aber trotzdem noch ein bis zwei Wochen vom Elternpaar versorgt. In dieser Zeit tragen sie ihr Jugendkleid, erkennbar an den matteren Farben mit weniger schwarz und gelblichen statt rein weißen Wangen. Obwohl die Kohlmeisen Insektenfresser sind, stellen sie sich im Winter auf ölhaltige Sämereien um.

Blaumeise
16/12 mm

Blaumeise *Parus caeruleus*
Ähnlich der Kohlmeise bewohnt auch die Blaumeise Laub- und Mischwälder, Parkanlagen, Obstpflanzungen und Gärten, gelegentlich auch Kiefernwälder. In reinen Fichtenbeständen kommt sie selten vor. Im Winter ist sie ein häufiger Gast unserer Futterhäuschen. Ihr Nest versteckt sie meist in den Höhlen alter Bäume, bezieht aber auch gern Nistkästen mit einem Fluglochdurchmesser von nur 28 mm. Beide Partner sammeln Moos, Gras, Haare und Wolle zum Bau des Nestes, das vom Weibchen allein gebaut wird. Ende April oder Anfang Mai legt das Weibchen 8 – 12, gelegentlich sogar 15 weißgrundige Eier mit feinen, hellrötlich-braunen bis braunroten Flecken, die es in 13 – 15 Tagen ausbrütet. In Kiefernwäldern nisten einzelne Paare Ende Juni bis Anfang Juli noch ein zweites Mal. Sobald die Blaumeisenkinder geschlüpft sind, schafft das Weibchen die Eierschalen im Schnabel fort. Die Jungen schlüpfen nackt, nur mit wenigen grauweißen Dunen auf Kopf und Schultern. Durch die herabgezogenen Wülste in den Schnabelwinkeln unterscheiden sie sich von allen anderen Meisenkindern. Ihr Sperrachen ist ähnlich dem der Kohlmeisen orangerot gefärbt. Zunächst sorgt das Männchen für Futter, das die Mutter dann an die Brut verfüttert. Später atzen sie beide ihre Jungen. Emsig suchen sie Baumrinden und Blätter nach Insekten und deren Entwicklungsstadien ab und gelten daher als sehr nützlich. 17 – 18 Tage verweilen die Jungen im Nest, bevor sie ausfliegen, werden aber noch weitere ein bis zwei Wochen gefüttert, bis sie schließlich aus dem Brutrevier ihrer Eltern verschwinden. Noch tragen sie das blasser gefärbte Jugendkleid, doch sind sie trotz olivgrauem Scheitel und gelblichen Wangen als Blaumeisen zu erkennen.

Familie: Spechtmeisen – Sittidae
Familie: Ammern – Emberizidae

Kleiber
20/14 mm

Kleiber, Spechtmeise *Sitta europaea*
Seinen Namen verdankt der Kleiber (=Kleber) der Angewohnheit, das ursprüngliche Einflugloch seiner Nisthöhlen bis auf Körperweite mit Lehm zuzukleben. Oft werden wir durch sein Klopfen auf ihn aufmerksam. Dann klemmt er meist eine Nuß zwischen die Borke und hackt mit seinem kräftigen Schnabel auf sie ein. Man hört ihn in Obstgärten und Parkanlagen, aber auch in Laub- und Mischwäldern, immer dort, wo alte Bäume stehen (Höhlenbrüter). Flink klettert er auf der Borke am Stamm nach oben und genauso flink wieder abwärts. Er ist der einzige Vogel Europas, der mit dem Kopf voran an Baumstämmen nach unten klettern kann. Gern nistet er in verlassenen Spechthöhlen, aber auch in Nistkästen und gelegentlich in einer Mauernische oder gar in einem Heuschober. Nur das Weibchen formt ein Nest aus locker aufgeschichteten Rindenstückchen, besonders Schuppen der Kiefernrinde, einzelnen trockenen Blättern und Fasern. Ende April oder Anfang Mai legt es 6 – 8 Eier, die oft ähnlich den Kohlmeiseneiern gefleckt, jedoch größer und am stumpfen Ende breiter als Kohlmeiseneier sind. Nach Ablage des letzten Eies brütet sie das Weibchen in 14 – 18 Tagen aus. Dann schlüpfen die Nesthocker, bedeckt mit großen, gelbbraunen Dunenbüscheln. Sie haben einen gelben Sperrachen und hellgelbe Schnabelwülste. Erst jetzt beteiligt sich auch das Männchen am Brutgeschäft, indem es Futter herbeiholt für die Aufzucht der Jungen. Erst erhalten sie kleine Raupen, später Insekten. Mit 22 – 24 Tagen verlassen sie die Nisthöhle und können schon recht gut klettern. Nach weiteren 8 – 10 Tagen sind sie völlig selbständig und sehen in ihrem Federkleid den Altvögeln schon recht ähnlich, nur die kastanienbraune Färbung der Körperseiten fehlt noch.

Goldammer
22/16 mm

Goldammer *Emberiza citrinella*
Nur zur Brutzeit meidet dieser Vogel die Nähe menschlicher Siedlungen. Er nistet im offenen Gelände, auf heckenreichen Heide- und Ödflächen, gelegentlich auch auf Feldern – immer dort, wo sich die Möglichkeit bietet, ein Nest im Verborgenen anzulegen. Das Weibchen baut es allein, gut versteckt am Boden oder meist nicht höher als einen Meter darüber im Gesträuch und polstert es mit zarten Grashalmen und Haaren weich aus. Gewöhnlich brütet die Goldammer zweimal, bisweilen auch dreimal im Jahr. Von April bis Juli legt das Weibchen meist je 4 – 6 weiße oder blaßrosa Eier mit brauner Zeichnung. Typisch darauf sind die feinen, braunschwarzen Haarlinien, die sich oft zu Schnörkeln oder wurmförmigen Gebilden verstärken. Erst wenn das letzte Ei gelegt ist, brütet das Weibchen das ganze Gelege in 12 – 14 Tagen allein aus. Die frischgeschlüpften Jungen zeigen nur an Kopf und Rücken eine spärliche, graue Bedunung. Ihre Schnabelwülste sind leuchtend gelb, der Rachen rosa, dazu fällt noch die rot eingefaßte Zunge auf. Wenn sie nach Futter sperren, vernimmt man die zarten, stammelnden Zirplaute „zrip-zrip-zrip“. 11 – 13 Tage dauert ihre Nestlingszeit. Noch flugunfähig, verlassen sie das Nest, zerstreuen sich in der Umgebung und werden noch längere Zeit von den Altvögeln betreut. Ihr Jugendgefieder ist nicht so gelb wie das Federkleid der Mutter. Während die erwachsenen Goldammern sich fast ausschließlich von Sämereien ernähren (Wintervögel!), werden die Jungen mit Insekten gefüttert, besonders Blattwespenlarven, kleinen Heuschrecken, Kleinkäfern und vielen Räupchen. Nach dem Ausfliegen bleibt die Familie noch kurze Zeit zusammen.

Familie: Finken – Fringillidae

Grünling
20/15 mm

Grünling, Grünfink *Carduelis chloris*
Der Grünling hält sich fast nur noch in der Nähe menschlicher Siedlungen in baum- und buschreichem Gelände auf, während der Brutzeit besonders in Dorfgärten, auf Friedhöfen und in Parkanlagen. Die ersten Nester legt er gerne in Nadelbäumen an, da das frisch austreibende Laub im zeitigen Frühjahr noch zu wenig Schutz gewährt. Später findet man sie auch versteckt im Laub der Baumkronen und Büsche. Das Weibchen fertigt ein Nest aus dürren Reisern, Halmen, Flechten und Moos und polstert es innen weich aus mit Tierhaaren, Wolle und feinen Wurzeln. Von Ende April bis August gibt es zwei bis drei Bruten. Das Weibchen legt je 5 – 6 weiße bis blauweiße, rotbraun-gefleckte Eier, die es in 13 – 14 Tagen allein ausbrütet. Beide Eltern ziehen die junge Brut gemeinsam auf. Am Wegrand und auf Schuttplätzen suchen sie zwischen den Unkräutern nach Sämereien, weichen sie im Kropf auf und reichen sie dann so ihren Jungen. Die Grünlinge tragen im Nestlingsalter lange, hell grauweiße Dunen auf Kopf und Rücken. Ihr Rachen ist blutrot, und der innere Oberschnabel zeigt eine rosa Spitze. Die gelben Wülste sind nur seitlich in den Schnabelwinkeln ausgeprägt. Die Stimmchen tönen laut „tschüih", auch dann noch, wenn sie schon längst das der Mutter ähnliche Jugendkleid angelegt haben. Es ist aber matter in der Färbung und unterscheidet sich auf Rücken und Unterseite durch dunkle Längsflecken. Nach 12 – 14 Tagen fliegen die Jungen aus. Sie sitzen noch eine Zeitlang verstreut im Geäst oder am Boden umher, bevor sie selbständig sind und sich von den Eltern trennen.

Buchfink
19/15 mm

Buchfink *Fringilla coelebs*
Die Buchfinken nisten fast überall dort, wo es Bäume und Hecken gibt: in der offenen Parklandschaft wie im dichten Wald, von der Niederung bis ins Hochgebirge. Im Winter ziehen sie in großen Scharen mit anderen Finken, auch Ammern und Sperlingen, über Land und suchen auf Äckern und Stoppelfeldern nach Nahrung. Gelegentlich bilden sie auch ganze Schwärme, die nur aus männlichen oder weiblichen Buchfinken bestehen. Der „Finkenhahn" trägt ein buntes Gefieder, das Weibchen nur ein schlichtes. Das Weibchen baut ein napfförmiges, aus Moos, Wurzeln, Flechten und Halmen dicht verwobenes Nest, das es im Inneren mit Wolle, Tierhaaren und Federn weich auspolstert. Es steht 2 – 10 Meter hoch in Astquirlen oder auf waagrechten Ästen. In zwei Bruten legt das Weibchen von April bis Juni je 4 – 6 Eier, die in der Farbe stark variieren. Die oft bräunliche Schale ist dunkel gefleckt. Charakteristisch sind die hell umrandeten „Brandflecke". Das Weibchen brütet allein; gelegentlich wird es vom Männchen abgelöst. Nach 12 – 13 Tagen schlüpft der Nachwuchs, den die beiden Eltern gemeinsam füttern. Im Nest haben die Jungen ein spärliches, gelblich-graues Dunenkleid. Ihr Rachen ist rot, die Spitze des inneren Oberschnabels blau, und die gelben Wülste sind von einem dünnen, schmalen Saum umgeben. Die Jungen bleiben 13 – 14 Tage im Nest und fliegen dann unter der Obhut ihrer Eltern aus. Durch weich tschilpende Laute zeigen sie den futterbringenden Eltern ihren Sitzplatz an. In ihrem graubraunen Jugendkleid wirken die Jungvögel trotz der breiten, hellen Streifen am Hinterkopf fast wie erwachsene Weibchen. Als Nahrung nehmen sie vorwiegend ölhaltige Sämereien, während der Aufzucht auch Insekten an.